装备综合研究项目（No. LJ20202C050375）经费资助出版

装备保障集成训练模拟系统建模与评估

Modeling of Integrated Training Simulation System for Equipment Support and Evaluation

赵德勇　刘　洁　杨素敏
任泽龙　古　平　吴巍屹　著

国防工业出版社

·北京·

图书在版编目（CIP）数据

装备保障集成训练模拟系统建模与评估 / 赵德勇等著. -- 北京 : 国防工业出版社, 2025. 1. -- ISBN 978-7-118-13468-1

Ⅰ. E246

中国国家版本馆 CIP 数据核字第 2024MR2584 号

※

国防工业出版社出版发行

（北京市海淀区紫竹院南路 23 号　邮政编码 100048）

北京凌奇印刷有限责任公司印刷

新华书店经售

*

开本 787×1092　1/16　　**印张** 11½　　**字数** 194 千字

2025 年 1 月第 1 版第 1 次印刷　　**印数** 1—1300 册　　**定价** 88.00 元

国防书店：（010）88540777　　书店传真：（010）88540776

发行业务：（010）88540717　　发行传真：（010）88540762

前　　言

本书针对合成部队基于指挥信息系统的装备保障情报信息、保障指挥控制、装备供应保障、装备技术保障、装备勤务保障等多要素成体系集成运用模拟训练需求，以系统综合集成方法和联合实兵、虚拟、构造系统（Joint Live - Virtual - Constructive，JLVC）异构系统集成技术为指导，重点开展了基于JLVC的合成部队装备保障集成训练模拟系统的体系结构和功能实现建模方法、多要素集成训练效能综合评估方法的研究。本书的主要工作和研究成果如下：

（1）合成部队装备保障集成训练系统需求分析。在分析陆军合成部队装备保障要素集成训练的具体内容和组训方法的基础上，以合成部队装备保障要素专项演练流程为背景，提出了装备保障要素集成训练系统的总体业务流程和运行模式；深入分析了装备保障集成训练系统的作战分队装备战损需求产生、指挥机构装备维修决策、保障分队维修保障任务执行等详细业务流程设计需求，为合成部队装备保障指挥和保障分队集成训练模拟系统的体系结构建模与功能实现奠定了基础。

（2）合成部队装备保障集成训练模拟系统建模。按照“保障指挥机构带装备保障分队，装备保障分队带实兵维修保障”的总体思路，研究提出了基于装备保障指挥训练分系统和装备保障分队训练分系统的合成部队装备保障训练系统的总体架构建模方法；详细分析了合成部队装备保障集成训练系统的拓扑结构、硬件组成、软件组成和系统技术体系结构，设计构建了集成训练模拟系统的总体架构，提出了基于训练资源层、中间件层、核心功能层和仿真应用层的集成训练模拟系统体系结构建模方法；对合成部队装备保障集成训练模拟系统的分系统构成、仿真节点设置和训练信息流等进行了系统详细设计与建模，对集成训练模拟系统的训练导控系统的7个子系统、保障单元指控终端软件系统的软件功能进行了详细设计，给出各软件系统的功能实现方案、业务逻辑流程和具体功能用例，为软件系统研制和原型系统实现奠定基础。

（3）合成部队装备保障集成训练效能综合评估。借鉴教育评估领域基于总结性评估和形成性评估的 CIPP 评估模式，在剖析集成训练综合评估中背景评估、输入评估、过程评估和结果评估具体内涵的基础上，构建了合成部队基于 CIPP 装备保障集成训练综合评估模式，设计了基于 CIPP 模式的集成训练综合评估指标体系结构和评估内容标准，构建了基于信息熵权法和模糊 AHP 法的合成部队装备保障集成训练模糊综合评估模型，通过实例验证了评估指标体系的科学性和综合评估模型建模方法的有效性；研究提出了基于粗糙集知识表征方法的装备保障集成训练综合效能表征方法，设计了基于粗糙集理论的连续属性离散化算法，提出了一种改进的基于互信息的粗糙集属性约简算法和权重算法，为开展合成部队装备保障集成训练的任务目标、方案计划、实施过程、整体效能综合评估与持续改进提供方法指导和技术支持。

通过以上 3 个方面的研究，构建了较为完整的合成部队装备保障要素集成训练模拟系统建模和集成训练效能综合评估应用方法框架，一方面可以为合成部队依据新型训练大纲组织基于指挥信息系统的装备保障要素专项演练提供理论方法指导，另一方面也可为合成部队装备保障集成训练模拟系统的原型系统研制实现及开展集成训练效果综合评估提供支撑技术支持。

全书共分 7 章，第 1、第 7 章由赵德勇、任泽龙撰写，第 2 章由赵德勇、刘洁、杨素敏合作撰写，第 3 章由赵德勇、古平合作撰写，第 4 章由赵德勇、刘洁合作撰写，第 5 章由任泽龙、杨素敏合作撰写，第 6 章由杨素敏、吴巍屹撰写。全书由赵德勇统稿和定稿。本书的研究工作得到了装备综合研究、技术基础等项目专项经费资助，在此表示衷心的感谢。本书参考了国内外许多同行的著作，引用了其中的部分观点、数据与结论，在撰写过程中得到了刘铁林教授、高鲁副教授、于同刚博士等专家的指导与帮助，在此一并表示感谢。

迄今为止，运用 JLVC 异构系统建模仿真技术和综合集成方法，探索合成部队装备保障集成训练理论方法和应用实践的研究仍处在不断发展和完善之中，本书试图在前人研究的基础上，对基于 JLVC 的合成部队装备保障集成训练模拟系统建模技术与评估方法进行初步的系统化，重点介绍一些相关研究成果和研究体会。由于作者的能力以及涉及的领域有限，疏漏、不当和错误在所难免，作者真诚欢迎同仁们的批评与帮助。

作　者

2023 年 4 月

目　　录

第1章　绪论

1.1　研究背景

集成训练，是指运用综合集成方法，依托信息系统对作战单元、作战要素、作战体系进行的整体训练，目的是促进各种作战力量的有机融合，提高基于信息系统的体系作战能力，主要包括作战要素集成训练、作战单元合成训练和作战体系融合训练[1]。装备保障要素集成训练，是指依托信息系统，采取系统综合集成和专业归类聚合的方法，对装备保障情报信息、指挥控制、供应保障、维修保障、装备勤务保障等多种要素进行的整体性训练，目的是使各种相对离散装备保障要素在网络信息体系和依托指挥信息系统构建的各类保障链路支撑下，通过信息融合、网络聚能和体系集成，实现不同层次层级、不同保障要素之间的网络配系互联、保障信息互融和保障行动协同，为提高基于网络信息体系的装备保障能力奠定坚实基础。

1.1.1　研究目的

目前，针对陆军合成部队（本书研究对象为陆军合成部队，下文如无特定表述，所述部队均为合成部队），现有指挥训练系统、分队战术训练系统中对装备保障要素的整体设计与功能实现还不够完善，装备保障要素与指挥决策和作战保障功能的衔接还不够紧密，装备保障指挥机构和保障分队的功能要素设置也不够精细全面。另外，在装备保障指挥机构与作战指挥机构的一体化编配、与装备保障分队的集成化运用等运行机制层面，目前还没有正式的法规制度出台，导致目前部队依据新型训练大纲组织开展装备保障要素专项演练和集成训练缺乏具体的法规指导，直接制约了合成部队装备保障要素训练模式的转型和装备保障能力的提升。

积极适应陆军部队装备保障训练模式转型建设的迫切需求，立足合成部队装备保障指挥机构和保障分队的编成编组以及承担的具体装备保障任务，可以考虑在合成部队指挥机构层面研制部署基于新型指挥信息系统装备保障指挥业务软件的装备保障指挥模拟训练分系统，在装备保障分队层级研制部署基于新型指挥信息系统装备保障分队业务软件的装备保障分队模拟训练分系统。基于以上两个层级模拟训练分系统，集成构建合成部队装备保障要素集成训练模拟系统，依托该系统，装备保障分队一方面可以独立开展装备级的维修保障训练和分队级的专业协同训练；另一方面也可以与装备保障指挥机构、各级武器装备模拟训练系统中侦察、指控、打击等其他要素一起进行一定战术背景下的多要素集成训练和全系统全要素模拟综合演练，从而积极推动新体制编制下部队装备保障训练模式的转型。

因此，本书针对陆军合成部队基于新型指挥信息系统的装备保障情报信息、保障指挥控制、装备供应保障、装备维修保障、装备勤务保障等多要素成体系集成运用模拟训练需求，以及部队新型训练大纲中装备保障要素专项演练训练内容界定不够具体、训练评估标准不够完备、训练支撑手段不够完善等现实问题，基于 JLVC（Joint Live Virtual Constructive：Joint—联合；Live—实兵训练；Virtual—虚拟模拟；Constructive—构造仿真）联邦仿真架构新技术和异构系统集成新理念，开展合成部队装备保障多要素集成训练模拟系统体系结构与功能建模方法的研究，在系统分析合成部队装备保障要素集成训练系统功能需求与总体架构、主要构成与系统形态、运行模式与业务流程的基础上，重点开展基于 JLVC 的合成部队装备保障集成训练模拟系统的体系结构建模方法、支撑软件功能建模方法、多要素集成训练效能综合评估方法等关键支撑方法技术的研究，为陆军合成部队装备保障机关和保障分队依据新型训练大纲，按照网系通联训练、专项功能分练、连贯综合演练的组训模式组织基于新型指挥信息系统的装备保障要素专项演练，以及开展集成运用训练效果检验评估提供理论支撑和方法技术支持。

1.1.2 研究意义

利用实兵训练与计算机模拟相结合的方法进行综合集成训练，是一种提高训练效果和节约训练经费的有效途径。美军从 20 世纪 90 年代开始采用 LVC 方法组织开展集成训练，2008 年提出组建 JLVC 联邦作为 LVC 训练的技术支撑环境，2009年发布了《JLVC联邦集成指南》，目的是为美军战术级到战役级的军事训练活动提供更加合理有效的联合训练支持[2]。JLVC联邦是由多个C^4I指挥信息系统、构造仿真系统、各类模拟器组成的分布式异构系统，可以将实兵训练系统、虚拟模拟系统和构造模拟系统互连起来运行，共同支持LVC训练。JLVC联邦支持的LVC训练有效促进了美军战斗力生成模式的转变，是美军“第二次训练革命”的主要动力，美军认为建设能够支撑LVC训练的JLVC系统必将成为美军联合训练环境建设的重点内容。

研究借鉴美军JLVC系统构建的历史背景、发展过程和主要特点，学习掌握其系统组成、体系结构和设计方法，对于我合成部队在新型训练大纲的指导下，依托新型指挥信息系统构建基于情报信息、指挥控制、供应保障、维修保障、勤务保障等装备保障多要素集成训练模拟系统，探索合成部队按纲组织装备保障要素专项演练的方法路子具有重要的借鉴意义，是推进陆军部队装备保障要素集成训练模式转型和提高训练综合质量效益的重要手段。从军事需求角度来看，网络化、集成化装备保障训练模式成为装备保障指挥机构和保障分队组织开展全系统、全要素装备保障集成训练的必然趋势；从技术需求角度来看，基于半实物装备保障模拟器和实装指挥信息系统装备保障软件构建分布式异构装备保障集成训练模拟系统，是实现装备保障指挥员、保障指挥机构和保障分队开展集成训练的有效技术途径；从应用需求来看，在大力开展实战化训练的背景下，构建基于新型指挥信息系统和JLVC联邦技术支撑的装备保障指挥与保障分队集成训练模拟系统，先通过模拟训练系统开展训练再进行实装综合演练，是提高装备保障训练质量效益的有效手段。

合成部队装备保障要素专项演练和集成训练的对象为各级装备保障机关以及相关保障分队，包括制定装备保障计划、展开装备保障力量、实施装备保障行动等内容，通常采取精干保障指挥机构带相关要素及保障群队，按照网系通联训练（依托指挥通信网系，组织装备保障系统组网链接）、专项功能分练（重点围绕同步拟制装备保障计划、精确实施保障行动等内容，分别设置相应情况组织逐项训练）、连贯综合演练（按照演练进程设置多种情况，昼夜连续实施）的步骤组织实施。以合成部队为例，根据对其装备保障要素专项演练集成训练内容和组训模式方法的分析可以看出，采用JLVC训练方式构建装备保障集成运用训练系统是合成部队开展装备保障多要素专项演练的一种有效途径。因此，本书的研究意义具体如下：

(1) 适应军事训练大纲标准要求。针对合成部队基于新型训练大纲开展装备保障要素专项演练和体系演训等集成运用训练的标准要求和组训方式方法，由于开展装备保障集成训练所涉及的保障编组复杂、装备类型多样、参训数量庞大，即便全部采用装备模拟器构建全要素的集成训练系统，也将是一套大型的复杂训练系统，在训练使用和系统运维上也将会存在较大难度，因此需借鉴采用美军提出的 JLVC 联邦架构理念和异构系统体系结构设计与建模方法，通过设计选择不同形态的训练模拟系统组合构建轻量化的装备保障集成训练模拟系统。

(2) 满足全系统全要素训练需求。实现合成部队装备保障全系统全要素集成运用训练，需要将其作战指挥系统、装备保障指挥机构、供应保障分队、维修保障分队等各类异构的指挥节点和保障系统有机联接起来成为一个整体，其中作战指挥系统和装备保障指挥机构一般采用的是新型指挥信息系统装备和指挥信息系统软件，而供应保障分队和维修保障分队一般采用的是模拟器或构造仿真系统，要实现装备保障指挥和保障分队异构系统的互联互通和集成训练，需要构建基于 JLVC 的装备保障集成训练平台满足全系统全要素的集成训练需求。

(3) 提高训练质量效益现实需要。合成部队开展装备保障要素集成训练的最终目的，是实现基于一定任务背景的保障行动的精准快速和保障效能的集约高效，因此平时通过多种形式对不同专业保障能力开展集成训练就非常重要；根据新体制编制下合成部队装备保障要素专项演练和体系演训的训练需求，需要在体系结构上整合优化现有及新设计的各类装备保障异构训练系统，而 JLVC 训练模式在提升训练效果和节省训练经费之间具有很好的结合点，因此从提高集成训练质量效益的角度也需要构建基于 JLVC 的装备保障集成训练体系及支撑平台。

1.1.3 功能定位

陆军合成部队装备保障指挥与保障分队集成训练模拟系统，贯彻“聚焦实战、创新驱动、体系建设、集约高效、军民融合”的指导思想，适应部队体制编制调整保障力量建设新需求和装备保障实战化训练新要求，满足合成部队装备保障指挥机构、装备保障分队的分层分级模拟训练需求，为受训对象提供一个近似实战条件下的装备保障指挥与保障分队全系统、多要素集成训练的模拟训练环境，能够利用该系统形成“装备保障指挥——装备保障分队——维修保障实施”，即从机关指挥端到分队行动层再到武器系统层的一体化集成训练体系，切实通过训练使受训对象能够掌握装备保障指挥技能、装备保障指挥业务流程和装备保障分队指挥技能、保障分队作业实施流程，从而提高受训对象的装备保障组织计划能力、协调控制能力和保障业务实施能力。

装备保障集成训练模拟系统分为单装维修训练模拟系统、装备保障分队模拟训练系统、装备保障指挥模拟训练系统三个层次。装备保障指挥模拟训练系统可采用指控装备的半实物模拟器实现，并配置新型指挥信息系统软件。装备保障综合演练模拟系统是通过训练信息系统与支撑环境中的装备训练仿真分布交互平台，将同类武器系统中的维修训练模拟器联网而构建，即装备维修类模拟器独立运行时可开展单装操作与维修训练，联网时可开展全系统全要素的装备保障综合模拟演练。该系统立足院校生长干部学员、初级任职军官，合成部队保障机关装备保障专业人员、保障分队负责装备保障业务组织的指挥军官和技术军官等受训对象的教学培训及模拟训练需求，研制设计具备操作技能训练、专业要素训练、系统联动训练的全任务模拟训练系统，实现“单装能训练、系统能联动”，既能够完成单装设备操作训练（指挥通信装备、实装指挥信息系统软件等）、装备保障要素训练（专业要素训练、分队战术训练等），又能与合成部队其他装备维修训练模拟器材互联，开展一定战术背景下的装备保障模拟综合演练，主要用于装备保障分队战术训练、装备保障指挥训练和装备保障综合演练，满足院校装备保障专业学员单装教学训练需求和同类专业学员综合演练需求，并能够用于合成部队装备保障人员训练，以促进院校教学训练水平、部队装备保障实战化训练水平的提升。该系统独立运行时，主要用于院校生长干部、初级任职军官，合成部队保障机关装备保障业务人员、装备保障分队指挥军官和技术军官等受训对象的教学培训和专业人才培养；联网运行时，主要用于合成部队装备保障专业的综合演练集成训练，能与装备保障模拟训练其他武器装备模拟器进行互联互通，实现横向覆盖装备抢救抢修、器材供应、弹药供应等装备保障全业务，纵向联通装备保障指挥、保障分队组织与保障活动实施全过程的全系统、全要素装备保障集成训练。

1.2 国内外研究现状

根据研究背景、研究目标和系统功能定位，装备保障集成训练模拟系统建模与评估研究需要以下三个方面的理论和方法技术支撑：集成训练理论与方法、装备保障模拟训练理论与方法、JLVC 联邦建模仿真技术，下面对这三个方面的研究现状进行简要综述。

1.2.1 集成训练研究动态综述

1. 理论方法研究

邓宏怀、张辉以《基于信息系统集成训练指导纲要》为依据，对集成训练基本问题进行了深入研究，在系统梳理我军集成训练的历史演进和外军集成训练发展现状的基础上，重点对集成训练的本质内涵、体系构成、基本特征和内在机理以及与一体化训练、联合训练、实战化训练的关系进行了深入剖析和准确界定，深入研究了作战要素集成训练、作战单元合成训练和作战体系融合训练的具体内容、组训方式和组训要求，研究提出了提高集成训练实战化程度的具体举措[3]。

钱斯文、王吉山对作战要素集成训练理论与应用实践问题进行了深入研究，从训练目的、训练内容、训练对象、训练方法和训练环境五个维度，剖析了作战要素集成训练的基本内涵和主要特征；从信息网络要素、侦察情报要素、指挥控制要素和后装保障要素四个方面，分析了作战要素集成训练的能力需求和内容体系，研究提出了单要素集成训练和多要素集成训练的组训模式和训练步骤；并以基于信息系统集成训练的部队侦察情报要素为例，对作战要素集成训练的指挥信息系统运用规范、准备工作计划、导调机构编成、训练实施计划和训练考评细则等进行了应用实证研究[4]。

1）集成训练内涵特点。

通过对集成训练概念内涵的理解可以看出，集成训练是信息化部队或初步具备信息化能力的部队，以指挥信息系统为依托，采用综合集成的方法，以基于指挥信息系统作战体系为对象进行的整体训练，其实质是通过信息技术的联通与融合，把功能各异的作战要素整合为信息流通闭环，把分散配置的作战力量融合为一体，实现高度集成的整体训练。

（1）集成训练的物质基础是信息系统和信息化装备。没有信息系统，没有信息化武器装备，就只能采用传统训练方式来形成整体作战能力，而不是集成训练。要开展集成训练必须具备两个物质条件：一是信息化武器装备，因为只有信息化武器装备才能实现网状的互联互通，而不是传统的树状指挥机构通联；二是信息系统，它是整个作战体系的关键环节和核心部分，能够将作战体系中的各要素、单元联接在一起发挥最佳整体效能，是作战能力的“倍增器”。信息系统是将信息化武器装备结合在一起的“黏合剂”，没有信息系统的基础支撑，就无法构建作战体系，更谈不上组织集成训练。前些年，我军在部分配备了信息化武器装备的部队开展了综合集成建设，其目的就是通过统一技术标准和通联接口，依托一体化信息系统把信息化武器装备联结为一个有机整体，为开展集成训练和形成基于网络信息体系的联合作战能力奠定坚实基础。

（2）集成训练是完成技战术训练基础上的高级应用训练。集成训练的对象是作战要素、作战单元和作战体系，是基于形成整体作战能力的高层次训练。部队开展集成训练，必须具备相应的训练水平。部队只有在完成专业基础训练、平台整体训练和分队战术训练等三个阶段训练内容后，才具备开展集成训练的能力基础。因此，集成训练的起点是具备了分系统能力的力量单元，集成训练的核心在于把这些分散形成的能力要素融合在一起形成系统或体系整体能力。集成训练并不和专业技能训练、武器平台操作训练相冲突，而是在整个能力生成的全过程中，重点突出体现在专项演练、综合演练和体系演训等阶段。

（3）集成训练具有完全不同于传统训练模式的组训模式。传统训练模式作战能力生成的规律是由低到高、由分到合、逐级训练、逐级合成，是一种典型的树状结构能力生成模式；而集成训练是在信息化条件下，基于信息化武器装备和指挥信息系统开展的训练，其作战能力生成的规律是从小系统到大体系、从网状联结到整体塑造，是一种网状结构的能力生成模式。在作战能力生成过程中，同步开展的既有纵向从上到下的多层次单作战要素的集成训练，也有横向展开的多要素作战单元的合成训练，还有不同层次、不同类型作战体系的融合训练，最终目的是从整体上形成基于指挥信息系统的体系作战能力。

2）集成训练内容体系

运用基于指挥信息系统的集成训练方式，按照逐级递进、逐步融合的思路形成网络信息体系作战能力，才能把各种作战要素、作战单元和作战体系融合成为一个紧密联系的整体，实现力量的高度聚合和能力的精确释放。因此，集成训练是由作战要素集成训练、作战单元合成训练、作战体系融合训练构成的训练体系。

（1）作战要素集成训练。是指为了实现单一作战单元内部同类作战要素，或不同作战单元之间同类作战要素纵向融合进行的整体集成训练。作战要素集成训练的实质是以指挥信息系统为“血脉”，打破原有的建制隶属关系，按作战功能编组把各层次同类作战要素相关实体模块进行有机聚合，形成一体化作战能力，是构成基于信息系统体系作战能力的重要环节。目前，我军作战要素集成训练主要是指挥机构主要业务部门带相关兵种专业和保障部（分）队进行的兵种专业训练，旨在优化各专业系统功能。

（2）作战单元合成训练。是指着眼基于信息系统体系作战需求，采用技术链接、结构优化和模块组合的方法，将某一作战单元内部各种作战和保障要素相关的实体模块，按实战要求编组，对其进行以作战能力整合和效能聚合为目的的整体集成训练。其实质是根据单元作战任务需要，将某一作战单元内部的作战人员和武器系统等要素融合为一个行动整体，提高作战单元的整体作战效能，是生成体系作战能力的重要基础。目前，作战单元合成训练主要是指军种内部的信息化合同训练，旨在聚合作战单元内部力量，形成本军种、本系统自身核心作战能力。

（3）作战体系融合训练。是指在作战要素集成训练、作战单元合成训练的基础上，按照指挥机构全、指挥手段全、作战力量全、保障要素全的要求，进行的作战单元之间的整体集成训练，目的是促进作战体系全系统全要素的整体融合，生成和提高体系作战能力。目前，作战体系融合训练主要是指信息化联合训练，旨在弥合各军种作战单元之间的缝隙，整合形成一体化联合作战力量体系。

综上所述，作战要素集成训练是从上到下纵向形成作战体系的不同功能，作战单元合成训练是横向形成不同局部的单一作战能力，两种类型的训练相互交织构成一个综合的能力生成网络，尔后通过体系融合训练，达成所有要素、所有单元功能的融合和能力的聚合，最终形成基于网络信息体系的联合作战能力。本书重点针对陆军合成部队作战要素集成训练、作战单元合成训练和军种体系内的融合训练等内容进行研究，与其他军种间的联合作战体系融合训练不属于本书的研究范畴。

3）集成训练特征机理

从前面集成训练的内涵特点分析可以看出，集成训练的最终目的就是形成基于信息系统的体系作战能力和基于网络信息体系的联合作战能力，这样一种本质特征反映了基于新型指挥信息系统的集成训练作为一种新的训练理念有着丰富内涵和典型特征，主要体现在训练目的的强化要素功能的内聚外联、训练内容的聚焦体系作战的专项能力、训练对象的突出以上带下的多级联动、训练方法的强调纵横一体的综合集成、训练环境的依托指挥信息系统的基础支撑等方面。

在训练目的上，集成训练谋求实现同一要素内部或不同要素之间的系统互联、网络互融、信息互通和行动互动，加快信息优势向决策优势和行动优势的转化，从而实现作战要素功能的内聚外联，使得作战的指挥流程更简、信息流向更准、系统链接更牢、控制范围更广、反应速度更快。在训练内容上，集成训练通过聚合、优化体系作战中的各专项要素的能力（包括侦察情报、信息通信、指挥控制、火力打击、信息攻防、综合保障等能力）训练，强化信息网络、侦察情报、指挥控制、信火打击、后装保障等专业系统的功能，进而实现体系作战效能的最大化聚合与释放。在训练对象上，集成训练强调着眼作战任务进行筹划决策和行动控制，突出上下级指挥员、指挥机关和所属部分队等不同行动实体之间协调一致的多级联动训练，这样既能够达成战训一致的要求，又便于单要素或多要素集成训练的统一组训、统一保障，从而提高集成训练的效果效益。在训练方法上，集成训练通常遵循先进行单要素、后进行多要素集成训练的方法，其中单要素集成训练重点解决要素内部的纵向贯通问题，多要素集成训练重点解决要素之间的横向融合问题，然后通过纵横一体的综合集成训练逐步增强各类专业系统功能，进而满足基于指挥信息系统的体系作战能力需求。在训练环境上，集成训练充分发挥指挥信息系统的“共享、融合、联动”等基础支撑作用，以各类作战要素专业系统为骨干，打通作战要素内部或要素之间的信息链路，确保信息指令的联网传输、实体共享，实现作战指挥同步感知、快速决策，作战行动一体联动、自主协同，作战保障主动响应、精确配送。

基于信息系统体系作战能力和基于网络信息体系联合作战能力的生成机理，就是集成训练所应遵循的内在机理，具体来讲就是以网络信息系统为支撑，诸军兵种作战要素、作战单元在训练中综合集成为作战体系，生成与提高体系作战能力的原理与方法。

（1）信息融合。是指依托网络化指挥信息系统，在信息流程实现互联互通互操作的同时，发挥信息技术联通与融合作用，通过训练实现作战要素集成、作战单元合成、作战体系融合，最终高效形成体系作战能力。集成训练的信息融合机理主要体现在三个方面：一是信息提升作战能力水平，即信息技术的发展运用为侦察、指控、打击、评估、保障的一体化提供了物质基础，做到及时发现目标、及时做出决策、及时打击目标，极大提高作战效果；二是信息促成系统功能耦合，将功能相同或相近的作战和保障力量要素归类聚合、综合集成，实现体系功能上的优势互补和效能倍增，而这种深度集成所要求的整体性与协调性主要靠网络化信息系统发挥作用；三是信息实现训练组织高效，即信息技术能够融合各类作战功能、提升单元及体系作战能力，在组织集成训练时网络化信息系统不仅可以发挥在作战能力生成中的作用，而且可以促进训练流程的合理规范、训练管理的精确高效、训练保障的科学有力。

（2）网络聚能。是指通过信息网络调配物质流、控制能量流，在训练中依托网络实现指挥机构和作战单元的有效互联互通互操作，将各种作战力量、作战单元、作战要素融合集成为一个作战整体，使作战体系产生“聚合效应”。网络聚能机理体现在以下两个方面：一是网络促进各类作战单元相互交链，提高了信息共享程度，能够为指挥决策提供信息优势，能够为作战单元之间的自适应协同提供决策优势，能够为战场监控和指令下达提供行动优势；二是网络促进各类作战要素灵活搭配，延伸了体系作战功能，促进跨单元的要素协同配合，极大地提高了指挥效率和作战效率。

（3）体系集成。是指在网络化信息系统支撑下，首先要根据遂行的作战任务构建任务体系，然后将任务体系分解为具体的作战要素和作战单元，组织作战要素集成训练和作战单元合成训练，最后再进行集成组织基于任务体系的多单元全要素整体融合训练。体系集成机理体现在以下两个方面：一是以基本体系为基点，作战要素和作战单元这两类基本体系的训练是整个集成训练的基础，可以形成有效的情报、指控、打击、保障等要素功能和作战单元独立遂行作战任务的能力，在此基础上进行更高层次的集成形成作战体系的整体作战能力；二是以任务体系为目的，体系集成原理实质上是对特定任务体系的集成，反映了集成训练的应用性和任务性特征，基于信息系统体系作战能力打破了逐级训练、逐级形成战斗力的传统模式，可以根据作战任务按需集成，如战术兵团在完成体系内部集成训练后，可直接参加更高层次的体系集成训练和全要素体系演训，而并非要等完成合同战术演训，再进行更高层次的训练。

2. 专项专题研究

集成训练是在部队训练实践中逐渐形成的一种信息化条件下新的训练模式，包含的内涵外延和研究内容非常丰富，部分专家学者和部队指参人员结合自己的工作领域对其进行了深入研究[5-7]，既有从作战要素、作战单元、作战体系等角度开展的专项问题研究，也有从不同类型部队的应用实践角度开展的专题研究。

1）指挥信息系统集成训练

武传超、戴志国等对各级指挥机构开展指挥信息系统集成训练问题进行了较为系统的研究，从指挥控制系统集成训练、侦察情报系统集成训练、综合保障系统集成训练三个方面，对其内涵要义和训练内容进行了剖析；并针对军级部队指挥信息系统集成训练的特点，提出了按照“单级单系统、多级多系统、全系统体系”的步骤组织开展训练[8-9]。

2）炮防部队集成训练

万发中等对炮兵部队基于信息系统集成训练实践问题进行了深入研究，主要从“抓好综合集成建设、构建集成训练平台，突出信息主导功能、完善训练内容体系，着眼长远建设发展、建立长效运行机制”三个方面，提出了提高炮兵部队基于信息系统集成训练质量效益的对策举措[10]；张文才等从“联通空情报知与指挥控制的情报指挥链路、实现信息与火力融合深化全员全装全要素演练、以联合一体化平台为目标拓展训练内容与规模”三个方面，提出了提升防空兵部队一体化集成训练的思路举措[11]。

3）全系统全要素联合集成训练

郭若冰、张晖、李继斌等对全系统全要素联合集成训练的内在机理、组织形式和方法路子进行了系统性研究，从“信息融合、功能整合、联动聚能、按需集成”四个方面，分析了基于全系统全要素联合训练生成联合作战能力的内在机理；按照“全系统全要素组网应用、全系统全要素指挥演练、全系统全要素实兵演训”的逐级递进能力生成顺序，提出了全系统全要素联合训练的三种基本形式；从“设计训练编组、创新训练内容、探索训练方法、实施训练评估”四个维度，探索提出了开展全系统全要素联合训练的方法路子[12-14]。

4）装备保障要素集成训练

装备保障要素是部队作战要素集成训练的重要内容之一，相关学者对其进行了细化和拓展研究，我们对其研究现状进行系统地分析梳理和归纳总结。

伊洪冰、张爱民对通用装备保障要素集成训练问题进行了较为系统的研究，在界定通用装备保障要素集成训练基本内涵的基础上，从情报信息、指挥控制、物资储供、抢救抢修和勤务保障等维度，分析了单要素集成训练和多要素集成训练的具体内容；研究了通用装备保障要素集成训练的编组模式，从要素构建训练、要素功能训练、要素综合训练三个方面，研究提出了通用装备保障要素集成训练的组训方法和推动集成训练质量效益提升的对策措施[15]。

宋朝阳对信息化条件下装备保障集成训练问题进行了分析，研究指出必须以训练大纲为依据，区分“专业基础、保障单元、保障要素、保障系统、保障体系”五个层次，构设全维覆盖的内容体系；必须突出保障能力生成的关键要素和关键环节，按照“训练阶段融合训、保障层级专项训、实兵演练检验训”的思路，创新组训方式；着眼未来作战保障任务需求，按照“模块化整合现有资源、信息化创设训练环境、规范化建立运行机制”的思路，优化资源配置和创新保障模式[16]。

孙宝龙、赵岗对基于信息系统的联合装备保障集成训练问题进行了系统研究，从“推进装备保障训练转型的重要抓手、转变装备保障能力生成模式的基本举措、创新信息化条件下装备保障训练模式的突破口”三个方面，分析了开展联合装备保障集成训练的时代意义；从“依托一体化指挥平台的联合装备保障指挥编组训练、紧贴使命任务的联合装备保障方式方法训练、着眼一体联动的通专军地装备保障自主协同训练”三个维度，详细分析了其重点内容；从“推进一体化指挥平台训练运用常态化、突出战略战役层次训练组织模式建设、创新联合装备保障集成训练理论法规”三个方面，提出了抓好联合装备保障集成训练的关键环节和重点任务[17]。

除此之外，相关学者还分别从剖析内涵特点、完善内容体系、探索方式方法、抓好重点环节、突出条件建设等方面，从不同角度对装备保障集成训练“是什么”“如何训”“怎么建”等问题进行了系统研究和应用实践[18-21]。

3. 应用实践研究

在我军开展集成训练试点和推广的过程中，各单位结合自身实际积极探索集成训练组织实施的方法，积累了经验教训，为集成训练规范组织运行奠定了坚实基础[22]。

1）部队集成训练实践

原南京军区牵头组织有关单位，结合信息系统综合集成建设，围绕军事斗争准备需要，按照“总体设计、理论攻关、内部集成、体系研练”的步骤，在统一认识、把握集成训练内涵的基础上，以作战要素的系统集成训练为主线，按作战单元内部集成训练和作战体系综合集成训练两个阶段依次组织实施，着眼提高战场感知、指挥控制、信息对抗、快速机动、火力打击等能力，探索出“军种内部集成打基础、军兵种协作互训练技能、军兵种专项联训促融合、军兵种课题合训强整体”的方法。

原成都军区编成陆空联合作战部队，结合特定作战样式重点抓了陆空作战单元内部集成训练和陆空作战体系集成联训两方面问题，研发了以指挥控制为核心的一体化联合作战指挥训练系统，探索了基础集成模块化、要素集成系统化、单元集成整体化、体系集成一体化的“四化”路子，构建了联合基础训练、联合专项训练、联合指挥训练、联合实兵演练“四层”内容体系，总结了总部任务统筹、军区协调指导、军级牵头组织、作战部队具体实施的“四级”共管机制。

原广州军区从侦察情报要素训练入手，以合成分队和火力群作战单元训练突破，逐步走向全要素全系统训练，形成了理论探索到实践验证、点上突破到面上推开的良性循环，在“信息系统抓建用、单装终端抓标准、作战要素抓集成、作战单元抓合成、作战体系抓融合”五个方面形成了有效做法，以信息网络、侦察情报、指挥控制、后装保障四类要素为主要对象，实践探索了上下结合、多级联动的要素集成组训方式；以任务部队、主战兵种和新型作战力量为重点，加强作战单元的任务、编组、战法研究，推开有机融合内部力量的集成训练，结合战备执勤、实兵演练和实战化考评，检验单元合成训练成效和实战能力，以战区三军联演联训为重点，探讨在现有条件下开展作战体系融合训练的方法。

2）军兵种集成训练实践

空军从红蓝对抗演训着手，探索了作战体系构建、体系集成对抗、综合效果评估的体系对抗训练方法路子。在对抗编组上，按体系作战要求对参训兵力进行编组，形成两个要素齐全、力量基本对等的集团；在训练准备上，将参训部队体系作战力量集中至同一地域，按照体系对抗训练程序、方法进行反复研练，验证战法和行动预案，为进驻基地实施体系对抗训练打牢基础；在对抗方式上，积极开展情报侦察对抗、指挥对抗、空空对抗、空地对抗、电子对抗与综合保障对抗等；在作战效果评估上，利用信息监控系统实时传输演练数据，即时裁定对抗结果，综合分析作战得失，集中检讨交流经验教训，有效提高了训练质量和实战能力。

2010 年召开了信息化条件下军事训练研讨观摩活动，对部队开展信息化条件下军事训练的经验教训进行梳理总结。通过讨论形成共识：信息化条件下训练的目标就是形成和提高基于信息系统的体系作战能力；信息化条件下训练的实质是实现“两个转到”，第一是逐步把军事训练由以合同训练为中心转到以联合训练为中心上来，第二是逐步把部（分）队整体训练的基本方式由传统的协同训练转到基于信息系统的集成训练上来。

此后，从作战要素集成训练、作战单元合成训练试点开始，逐步推进信息化条件下训练模式创新，发展出了较为符合当时实际的新模式——基于信息系统的集成训练，最终目的是形成基于信息系统的体系作战能力。在作战要素集成训练方面，试点部队重点探索了通信保障、侦察情报、指挥控制、火力打击、后装保障等五个要素训练内容；在组织导调上，由上级或本级成立演练导调组，分段或连贯实施，但考核则由上级组织，结合演练进行或单独实施；在训练编组上，通常根据保障条件和主要训练目的，灵活确定规模。在作战单元合成训练方面，陆军部队作战单元合成训练主要是在战术层次展开，对能够独立遂行作战任务的建制单位和作战编组进行信息融合共享、实时指挥控制、行动自主协同训练，促进作战单元内部各种力量的有机融合；试点部队探索出了力量融合的编组方式、信息主导的训练内容、内集外联的训练步骤和基于能力的评估指标，形成了陆军作战单元合成训练的基本路子。作战体系融合训练是最终形成体系作战能力的重要步骤，是在作战单元合成训练、作战要素集成训练的基础上，进行的全系统全要素的整体融合和动态检验；各军区主要通过年度大型指挥机构演训和实兵演训，运用先进的指挥信息系统进行实验和检验，梳理总结了运用信息系统组织侦察预警、指挥控制、打击行动、效果评估、综合保障一体化演练的方法。

经过这些试训和实践探索，原总部在充分吸纳整理各单位经验做法的基础上，颁发了《基于信息系统的集成训练指导纲要》，明确了相关概念，规范了内容标准，完善了运行规则和实施办法，从顶层对集成训练进行了引导和规范。

1.2.2　装备保障模拟训练研究综述

装备保障训练是军事训练的重要组成部分，装备保障模拟训练是开展装备保障实装训练和实战化训练的重要基础，是组织全系统全要素集成训练、提高装备保障训练质量效益的有效手段。

1. 装备保障训练与装备保障模拟训练

1）美军作战与勤务支援训练系统

20 世纪 90 年代后，美军成立了国家仿真中心，专门负责研制开发模拟训练系统以及支持美军各层次的模拟训练。目前，美军的模拟训练系统已经在院校教学、装备操作训练、复杂专业技术训练、指挥决策训练、战役战术训练中得到全面普及[23][24]。根据美军模拟训练系统的应用范畴，可分为战略级、战役级、战术级三层，其中战略级的模拟训练系统突出的“决策支持”作用，战役级的模拟训练系统突出的是“作战指挥”作用，战术级的模拟训练系统突出的是“协同指挥控制”作用，主要用于演练各种战斗样式、行动和战术战法，训练初级指挥员的指挥控制能力，代表性系统有“联合战斗与战术仿真系统”“战斗勤务支援训练仿真系统”等。

美军认为，模拟仿真将成为 21 世纪的主要训练方法。美军在推广和使用指挥训练仿真系统的过程中，针对各系统间互联互通能力差，通过统一规范、发展标准化的训练仿真系统，增强了各训练仿真系统间的互操作和可移植性；认为训练仿真系统必须与受训者的层次相适应，分别研制了不同层次的联合作战训练仿真系统和勤务支援训练仿真系统；重视先进技术特别是网络技术、云服务技术在训练仿真系统中的应用。

2）我军装备保障训练与保障指挥模拟训练系统

从目前查阅到的战役战术和兵种作战等领域的训练系统来看，主要关注的是作战筹划与指挥决策[25]、兵力运用与行动控制[26][27]、装备操作训练[28][29]以及装备运用[30]等领域，考虑装备保障对作战过程的影响不多，涉及装备保障模拟训练方面的研究较少。

张文宇研究了装备保障训练系统的内涵特点，给出了装备保障训练系统的组成要素、系统环境、功能、结构及运行机制[31]；借鉴美军军事训练系统设计“联合军种教学系统开发模型”（Interservice Process for Instructional Systems Development，IPISD），结合实际研究建立了一种基于 IPISD 和 IDEF0 的装备保障训练系统设计模型，将其设计过程分为需求分析、要素设计、要素开发、系统实施和系统评估等五个阶段；建立了基于云模型的装备保障训练系统评估方法，实现了定性和定量评价的相互转换，研制人员能够据此对训练系统相关要素进行改进，确保训练系统质量的持续提高。

唐凯以系统六元理论为指导，从系统的功能、环境、组元、状态、结构和运行六个角度，建立了装备保障分队训练系统的六视图概念模型；分析了装备保障分队训练信息系统的功能需求，构建了该信息系统软件的 B/S 三层架构及系统运行架构，提出了装备保障分队六视图训练信息系统的设计方案[32]。

宋华文等从分析装备保障指挥模拟训练系统的结构入手，分析指出该系统一般由模拟过程、命令指令、想定态势三大部分组成，其功能主要是用于部队装备保障人员的指挥训练，具有辅助指挥、决策和导调等[33]；装备学院研制的面向服务的装备保障指挥训练仿真系统，主要用于战役级装备指挥员和参谋人员的训练，具有指挥机关业务训练、指挥技能训练等方面的功能，装备保障需求由想定产生，保障分队用虚拟兵力模型代替，但该系统没有实现与装备保障分队层面的装备虚拟维修相关联。

贾希胜等着眼于战术级部队装备机关成建制、全过程、全要素指挥训练，通过硬件模拟、软件配套，实现集企图立案、想定生成、导调控制、指挥作业、对抗仿真、效能评估等功能于一体的装备模拟训练综合环境[34]。

葛涛针对装备保障军官岗位任职能力转型需求，提出新形势下装备保障指挥模拟训练应重构训练内容，实现指挥能力与专业技术的融合，即指挥技能层突出以信息系统为中心的“指挥设备操作、参谋六会操作、系统维护技能”训练；保障业务层侧重以精确高效为目标的“物资供应保障、装备维修保障、战场装备管理”训练；指挥集成层，注重以体系集成为主题的“保障要素融合、保障单元融合、保障体系融合”训练[35]。

2. 装备保障集成化模拟训练研究实践

赵德勇等牵头开展了基于信息系统的数字化部队装备保障集成训练研究，该研究在梳理数字化部队装备保障要素集成训练内容体系、组训模式和训练系统构建方法的基础上，重点对装备保障要素集成训练系统设计、方案计划制定、环节流程优化和效果考核评估等问题进行了深入研究，研究构建了数字化部队装备保障要素集成训练评估框架和指标体系、评估模型及实现算法，该研究系统总结提炼了开展信息系统装备综合集成模拟环境建设和基于一体化信息系统教学培训的阶段性成果，为上级机关和数字化部队组织装备保障要素集成训练与作战单元合成训练提供了技术支持[36]。

连云峰针对传统的军械装备保障模拟训练系统的建设和使用战保脱节、指技分离、功能单一等问题，采用综合集成的思想，提出了“成建制、成系统”综合集成军械装备保障模拟训练系统平台、信息、业务的理论方法、结构框架和技术途径，提出了“平台组构动态化、信息表示标准化、业务运行规范化”的系统集成思路，研究了“按武器系统、按作战单元、按作战编组、按战斗编成、按建制单位装备构成集成五种平台”的集成模式，依据业务功能的特点和军事需求，提出了基于活动和功能的业务集成方案和融合作战与保障、机关与分队和各种专业的运行模式，通过对装备机关与保障分队及保障分队各要素、各专业的业务过程进行一体化建模，并建立分平台与业务集成模型的协同运行机制，实现各分平台之间运行过程的协调一致。

苏续军对基于 HLA 的装备保障全要素集成模拟训练系统设计方法进行了研究，从装备保障单要素训练、多要素训练、全要素训练三个方面分析了模拟训练系统的功能层次结构和系统设计需求，基于 HLA 建模仿真思想设计了“情报侦察要素、指挥控制要素、抢救抢修要素、物资供应要素”等全要素集成模拟训练流程，为全要素集成训练平台的研制提供了方法技术支撑[37]。

“十二五”时期，原军械工程学院组织开展了防空部队后方指挥机构模拟训练系统的研究研制，该系统主要用于支持防空部队后方指挥机构装备指挥员、参谋人员熟悉和掌握各岗位的职责和工作过程。该模拟训练过程可以分为训练准备和训练实施两个阶段，训练实施阶段系统的职能主要是支持装备保障指挥作业的开展、管理和监控，训练活动的核心内容是战中装备保障计划制定和情况处置[38]。“十三五”时期，原军械工程学院组织开展了炮兵部队远程火箭炮集成训练维修保障模拟系统的研究研制，该系统深入研究了远火部队装备维修保障指挥的组织结构、活动过程、信息流转和业务处理，研制了远程火箭炮集成训练维修保障指挥模拟训练系统及互联分系统[39]。该系统可以实现远火部队装备保障指挥机构的维修指挥作业模拟训练，让部队受训人员掌握维修保障指挥流程、指挥业务和指挥技能，还可用于相关专业培训学员的维修保障指挥教学与训练、跨专业组训和综合演练。

“十三五”以来，陆军工程大学以陆军信息化装备人才培养任务和部队装备保障模拟训练需求为牵引，启动开展了陆军装备保障模拟训练中心论证建设工作[40]。该中心重点建设装备维修模拟训练器材/系统、装备保障分队模拟训练系统、装备保障指挥模拟训练系统和装备保障综合演练模拟系统等“四类资源”，具备满足开展“保障机关保障指挥训练、保障分队战术训练、装备维修技能训练”的“三种能力”，最终将中心建成面向陆军院校和部队（基地）提供新型装备网络化维修模拟训练、装备保障指挥和保障分队模拟训练、装备保障综合演练的“一个常态化服务机构”。该装备保障模拟训练中心建成后，可以开展“装备操作维修与武器系统联调联试训练——装备保障分队训练——装备保障指挥训练——装备保障模拟综合演练”四个层级的模拟训练。

1.2.3 支持集成训练的JLVC仿真技术综述

外军虽然没有明确提出集成训练这样的概念，但是基于信息系统的体系训练却是外军正在实践的重要训练形式[41][42]，与我军的集成训练有异曲同工之处。客观上来讲，世界主要军事强国军队武器装备信息化程度高、信息系统较为发达，作战实践经验也比较丰富，基于信息系统的体系训练组织运行更加成熟，有诸多经验教训值得我军学习借鉴。利用计算机仿真与实兵训练相结合的方法进行综合集成训练，是提高训练效果和节省训练经费的有效途径。近年来，世界各发达国家十分重视这种集成训练方法和技术的发展和应用。美军从20世纪90年代开始，采用LVC方法进行集成训练，并在随后的多次联合演训中证明了这种方法的有效性。2008年美军发布了LVC体系架构路线图LVCAR，用于指导异构的模拟训练系统的LVC体系结构建设[43]。LVC训练模式在提升训练效果和节约训练经费两者间找到了较好的契合点，是美军模拟训练方式上改进转型的重要里程碑[44]。

1. JLVC联邦系统组成与主要特点

LVC实兵—虚拟—构造仿真训练利用实兵训练（Live）、虚拟模拟（Virtual）和构造仿真（Constructive）三种不同训练模式的长处，是对不同训练模式特点进行互补的一种集成训练方法[45]。美军联合作战司令部提出组建JLVC仿真联邦作为支持LVC的训练支撑环境，其由若干个构造仿真系统、指挥信息系统以及训练模拟器组成功能异构的分散集成仿真环境，能够兼容HLA、TENA等异构技术体制，并统一设计和使用遵循一体化的信息交互标准，解决了虚拟仿真、构造仿真等异构系统的互联互操作问题[46][47]。了解美军JLVC联邦构建的背景、发展过程和现状，剖析其组成和体系结构，总结其特点，对于我军研制发展训练仿真系统和探索基于指挥信息系统的大规模集成训练模式具有十分重要的借鉴意义。

1）JLVC 联邦提出背景与发展现状

自 20 世纪 70 年代美军采用计算机仿真技术开展部队训练以来，支持美军训练的仿真系统大致经历了 DIS 技术体系、ALSP 技术体系、HLA 技术体系、混合技术体系等发展阶段。21 世纪初，出于对训练效果和训练经费的综合考虑，美军开始采用 LVC 训练方式对作战人员进行集成训练。LVC 训练方式对采用不同技术体系的实兵训练系统和仿真系统互联提出了要求，美军联合司令部借鉴 TENA 灵活开放的体系架构，通过搭建 JLVC 联邦来支持 LVC 集成训练。JLVC 联邦采用混合技术体系，包括 DIS、HLA 和 TENA 等多种技术体系。2002 年，美军进行了具有里程碑意义的“千年挑战 2002”（MC2002）演训，此次演训中美军第一次采用了类 JLVC 联邦的环境来支撑演训，有 9 个地点采用实兵演训，17 个地点采用计算机推演模拟。通过此次演训，美军发现在部队地域分散和演训经费有限的情况下，通过构造仿真系统能为组织大规模实兵演训起到“黏合剂”的作用，能消除各个实兵演训场所之间存在的界限，肯定了 LVC 训练方法的效果。随后，联合国家训练（Joint National Training Capability，JNTC）项目开始进一步推动 LVC 训练方式进行演训，大力支持 JLVC 联邦建设。为了达到此目的，JLVC 开发团队开始设计一个可灵活裁剪、可升级改进的 JLVC 联邦，以适应不同的目的和需求。

最初的 JLVC 联邦只是 JNTC 组织的一些展示性的演训中，用于展示联合实兵演训、模拟器和构造仿真系统的能力，随后为了支持更多的演训，JLVC 联邦做了大量的改造工作，主要包括：

(1) 将真实的 C^4I 系统作为联邦的一部分集成到 JLVC 联邦中，为联合战役指挥员提供战训一致的 C^4I 系统；

(2) 将各军种使用的主要仿真系统加入到 JLVC 联邦中，构建一个虚拟的综合战争空间，为联合作战训练提供后台模型计算支持；

(3) 将各种武器装备的模拟器进行集成，包括激光交战系统、飞机模拟座舱等模拟器、构造仿真系统等，使得各种模拟器和模拟训练环境共同组成一个虚拟的综合战争空间；

(4) 将各联邦成员建立在分布式的架构基础之上，成员不仅能单独使用，而且能够统一集成联合使用，使得系统具有良好的灵活性和自由组合性。

经过美军多次演训的应用证明，LVC 训练方法在对各级作战人员训练上兼顾了训练效果和经费节约，取得了良好的效果。从目前的情况看，美军联合作战司令部将继续发展 LVC 训练方式，并且鼓励更多的构造仿真系统加入 JLVC 联邦。

2）JLVC 仿真联邦具体组成

JLVC 联邦模型是指导 JLVC 联邦开发的基础，在 JLVC 联邦概念模型中描述了 JLVC 联邦与所依赖的数据服务、组织机构、各项标准以及认证的关系，也描述了 JLVC 联邦和各种数据信息标准与基础技术支撑体系之间的关系，另外还包括 JLVC 的各项组成部分。JLVC 联邦是由构造仿真系统、模拟器、基础设施、工具、接口、程序和文档共同组成的综合性集成训练支撑环境，在实现上依靠各种设计团队、开发团队、实施团队和学术团队的共同支持，参考了一系列的公共标准和领域认证，并遵循了 DIS、HLA 和 TENA 等技术体系标准。

完整的 JLVC 仿真联邦一般由异构性的构造仿真系统、层次化的技术体系架构、逼真性的实兵演练环境、灵活性的网络通信设施以及可开放的 C^4I 系统接口等组成[48][49]，具体构成如图 1.2.1 所示。

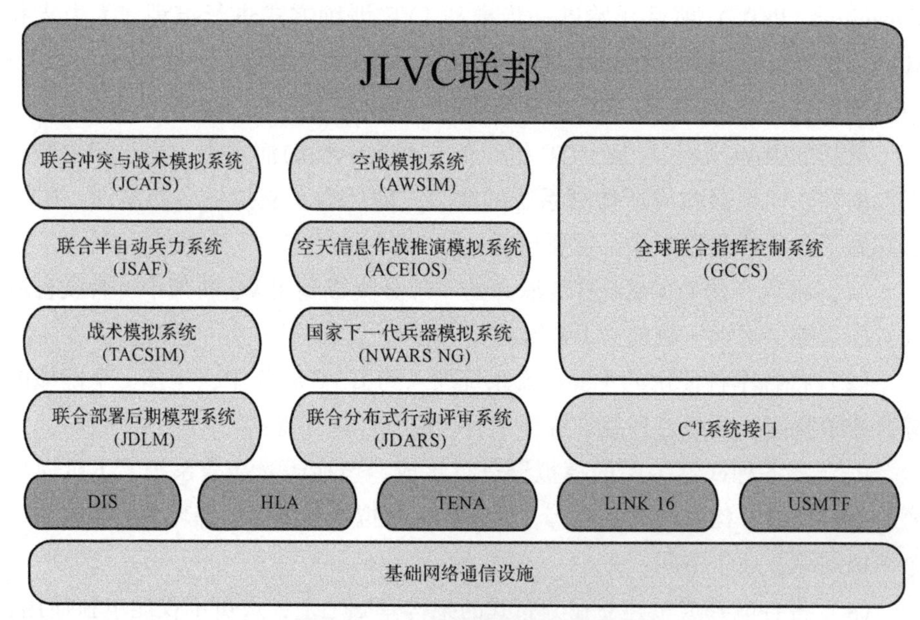

图 1.2.1　JLVC 联邦体系及组成

(1) 异构性的构造仿真系统。当前完整的JLVC仿真联邦中融合集成了美军各类功能异构的构造仿真系统，如仿真陆上作战和特战行动的联合冲突与战术仿真系统（JCATS）、仿真勤务支援行动的联合部署后期模型系统（JDLM）。当作战指挥员通过C^4I指挥信息系统下达指令后，由这些功能异构的训练仿真系统协同开展各类战役战术行动的一体化运行，然后再将运算结果和执行效果通过C^4I系统反馈给作战指挥员。

(2) 层次化的技术体系架构。层次化的仿真支撑技术体系架构为实兵实装演训、虚拟仿真训练和模拟推演训练进行互联互通互操作提供技术体系架构和信息交互协议。JLVC仿真联邦借助柔性动态和异构兼容的体系架构，可以支持DIS、HLA、TENA等多类异构的层次化技术体系，JLVC仿真联邦将异地分布、功能异构的构造仿真系统和虚拟训练模拟器等实现互联互通，从而共同支撑LVC集成训练。

(3) 逼真性的实兵演练环境。美军历来重视实兵实装演训训练，在基于JLVC仿真联邦构建的综合集成训练环境中，实兵演练环境也是其必备的构成要素，在指挥控制层面有部队实兵演训常用的全球联合指挥控制系统，在部队行动层面有各军兵种联合、合成战术训练基地和各类功能异构的武器平台训练模拟器。

(4) 灵活性的网络通信设施。无缝接入的战场信息网络体系主要是为JLVC集成训练提供灵活性的硬件支撑环境，因此和各类功能异构的训练模拟器一样也是JLVC仿真联邦的重要构成要素。依靠无缝接入和动态可调的底层通信网络，JLVC仿真联邦能够将异地分布、功能各异的训练仿真系统和指挥信息系统实现有机通联。

(5) 开放式的C^4I系统接口。JLVC仿真联邦中接入实装C^4I指挥信息系统，主要是为各级各类指挥员提供逼真的指挥作业平台。通过设计开放式的C^4I系统接入接口，JLVC仿真联邦中的各类训练仿真系统能够与实际的C^4I指挥信息系统连接起来共同支持各类不同作战背景的演训训练，主要包括信息转换接口、信息通信接口以及支持异构系统信息交互的各类网关。

3) JLVC联邦的主要特点

LVC训练方式在提高训练效果和节省经费之间找到了很好的结合点，对美军的训练起到了巨大的推动作用，是美军模拟训练模式方法上的一次新的转型，也将是美军继续推广的训练模式。JLVC联邦作为LVC训练的有效技术支撑手段，了解和掌握美军JLVC联邦的背景、发展过程和主要特点，有利于我军在开展模拟训练过程中吸收有益经验教训。

（1）一致性。LVC训练方式从发展之初就非常强调战训一致、贴近实战的理念，认为各级作战人员的训练必须以真实作战的方式来感知战场态势和采取行动措施，才能达到训练的效果。即对于战役指挥员来说，接入的C^4I系统应该与实际作战时使用的C^4I系统一致，而战术执行人员应该在近似于实战的战场环境中进行实兵训练，美军认为只有这样才能使得各级联合作战人员得到贴近实战的训练，从而真正达到训练联合作战人员的效果。为此，JLVC联邦在设计实现上特别强调接入的C^4I系统就是实际作战的C^4I系统。

（2）层次性。LVC训练强调不同层次训练重点不同采用的手段也不同，也就是战役指挥员需要通过真实的传感器和C^4I系统去感知战场态势和进行作战指挥，而战术执行人员应在真实作战环境进行实兵训练，层次不同使用的系统不同，训练的环境不同。对此，JLVC联邦在建立时，不仅考虑了战役指挥层次的C^4I系统接入，也考虑到将实兵演训的环境、系统和设备接入，特别是各军种战术训练靶场和各种武器装备模拟器的接入。

（3）灵活性。LVC是一种训练方法，可以针对不同的想定内容，用于各军种训练和大规模联合战役训练。JLVC联邦作为支持这种方法的技术环境，支持根据不同的想定加载不同的训练内容。为此，JLVC联邦的模型体系采用的是一个开放的可裁剪的结构，可以根据不同演训需要面向不同的训练对象，灵活地组建训练联邦用于支撑不同的训练任务，是一个面向不同训练目标灵活构建即插即用的通用技术框架，而不是只是针对某一次演训训练而开发的特定应用系统。

（4）开放性。从美军近三十年训练仿真系统的发展历程可以看出，具有开放体系架构是系统生存、延续和发展的关键因素。JLVC联邦从设计之初就借鉴了美军多个大型系统开发的经验教训，从实现上考虑采用开放的技术体系结构，不拘泥于具体技术体系，并且注重继承原有成果和吸纳新的工程技术成果，使得整个系统能够随着技术的发展而得到不停地改进和完善。

2. JLVC分布式仿真系统体系结构

目前，JLVC分布式联合训练系统集成面临的问题主要包括以下三个方面：不同系统之间数据对象的相互识别、异构系统互联方式以及训练资源的可重用与可组合性。本节主要从系统体系结构、技术体系结构两个方面，对JLVC分布式仿真系统体系结构详细分析与设计现状进行简要综述。

1）系统体系结构

JLVC 分布式仿真系统为 LVC 训练仿真系统的集成提供公共的支撑环境，重点在于实现仿真互操作性、可重用性和可组合性，核心技术包括技术体系结构、业务模型、标准规范和支撑软件等，可以支持武器系统设计与研制、异地多兵种联合仿真试验、一体化虚拟联合试验训练等多个应用领域。从目前 JLVC 训练环境建设的发展趋势来看，采用开放的系统体系结构，保留原系统的协议和标准，通过公共对象模型和公共网关共同实现转换数据和时钟同步的混合型系统体系结构，将成为未来 JLVC 训练环境的主要系统体系结构样式[50]。

（1）DDS 应用。是指采用 DDS 中间件作为通信机制的系统应用，包括基于 DDS 的系统以及基于当前的一些仿真标准并采用 DDS 通信的系统；

（2）非 DDS 应用。不采用 DDS 作为通信方式的应用，目前存在的应用大部分属于这一类；

（3）LVC 工具。为实现 LVC 联合集成训练的目标和驱动需求奠定基础的那些软件子系统，包括用于存储系统应用、对象模型、其他信息的 LVC 资源仓库，用于信息实时交互的 DDS 中间件，用于存储想定数据、训练运行期间所收集的数据以总结信息的 LVC 数据仓库，用于联接非 DDS 应用与 DDS 中间件的网关等。

系统需求决定系统体系结构和技术体系结构，针对上述系统需求分布式 JLVC 联邦仿真系统体系结构框架如图 1.2.2 所示。

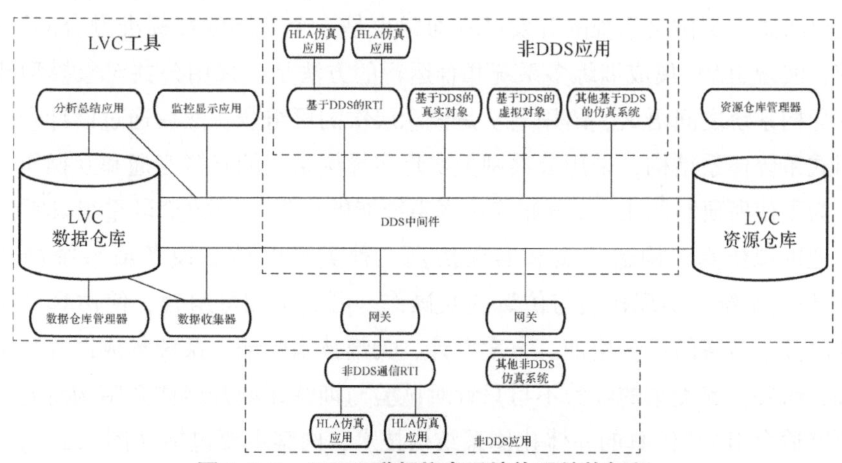

图 1.2.2 JLVC 联邦仿真系统体系结构框架

2）技术体系结构

LVC 联合训练的技术体系结构主要是为了实现各类异构训练系统之间的互操作与训练资源的可重用与可组合的目标，层次化仿真体系架构（Layered Simulation Architecture，LSA）是仿真互操作标准化组织 SISO 提名建立的体系结构标准，其目的是在已有训练仿真系统的基础上实现联合训练并尽可能少地浪费现有资源[51][52]。

LSA 层次架构从上至下依次为应用层、连接层、仿真服务层、以数据为中心的中间件层和开放式通信协议层。LSA 逻辑架构将训练仿真系统分为两类，分别为现有的仿真系统和新的仿真系统，如图 1.2.3 所示。

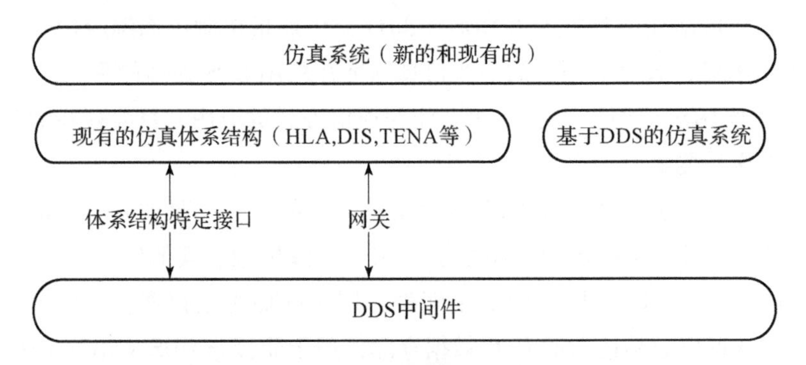

图 1.2.3　JLVC 仿真系统技术体系结构

3）JLVC 分布式仿真系统支撑技术

建模与仿真领域中实现资源重用、共享和互操作的基本途径是标准化，大规模分布式训练仿真系统的开发过程通常也是一个不同领域标准融合的过程。目前，实现 JLVC 集成训练多系统联合运行的方法是：采用公共对象模型技术达到异构系统之间语义、语用甚至是概念层次的可组合，然后通过设计合理的分布式系统体系结构，采用公共网关实现多异构系统的互联互通和互操作。

为了使所研制的 JLVC 分布式仿真系统能够根据不同的阶段重组其系统组成，把虚拟仿真、构造仿真和实况仿真三种类型的仿真设备或系统构建成 JLVC 仿真系统，实现建模与仿真的互操作、可重用和可组合，使仿真又快又好地服务于装备的系统论证、方案设计、关键技术验证、系统集成试验和系统训练，需要借鉴美军的经验不再只针对试验与训练领域开展体系结构研究，而应研究适合 JLVC 仿真的一体化体系结构技术，内容主要包括（图 1.2.4）：

(1) JLVC 仿真基本对象模型研究，形成覆盖仿真、试验、训练等方面的元数据、概念模型、基本接口对象模型和基本功能模型库，为 JLVC 仿真提供可重用和可组合的基础资源库；

(2) JLVC 仿真通用中间件研究，建立能够满足 L、V、C 仿真运行环境、通信机制、时间管理、位置外推等需求的运行基础设施，为 JLVC 训练仿真系统的运行提供互操作支撑平台；

(3) JLVC 一体化集成平台研究，建立能够集成基本对象模型设计与管理、仿真成员的设计与管理、仿真系统的设计与管理的软件工具集，为 JLVC 仿真提供可视化的、能够自动生成仿真应用程序代码的支撑环境。

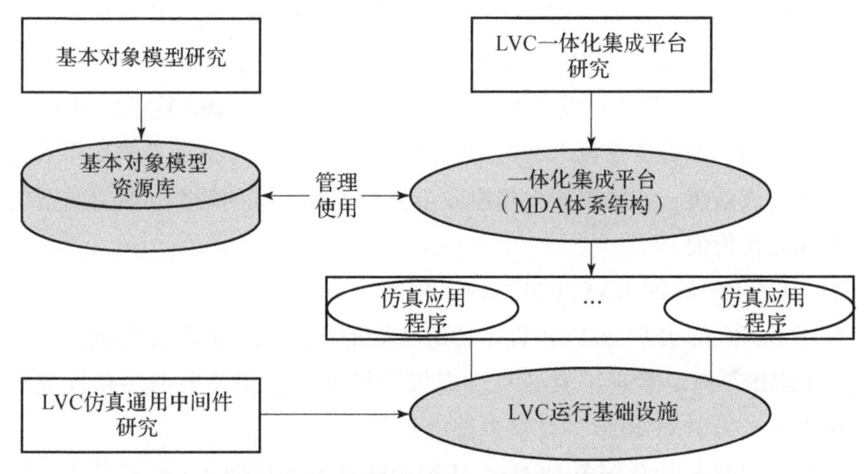

图 1.2.4　JLVC 分布式仿真系统支撑技术

3. 基于 CEMS 的 JLVC2020 体系框架

1) JLVC2020 的提出背景与发展需求

2000 年以后，美军的联合作战司令部着手研究研制 JLVC 联邦作为支撑 LVC 集成训练的综合环境，并在与北约的多次联合军事行动中得到了成功的应用。2009 年，美军联合司令部颁布了《JLVC 联邦集成指南》(Joint Live Virtual and Constructive (JLVC) Federation Integration Guide)，主要目的是将各作战部门建立的各类异构作战模型、训练模拟器和辅助工具集进行一体化整合支持联合集成训练[53-56]。当前的 JLVC 联邦体系，主要由核心仿真系统及支持工具箱、分布式仿真支撑技术体系、指挥通信基础网络设施和大量的构造仿真模型、虚拟模拟器、实验与训练靶场等构成。

JLVC 联邦对支持多域、多维、异构的联合集成训练的促进作用比较明显，但由于 JLVC 联邦中各类异构系统的渐进式发展，使得在联邦管理层面需要进行不断的技术重复和繁杂的业务集成以保持联合训练平台的稳健性。因此，用 HLA、TENA 等技术体系架构将各个相对独立的异构仿真域进行分布式联通的传统仿真联邦构造模式，一方面难以支撑各类可持续性建设的异构仿真系统的集成，另一方面也不能很好地满足未来的联合集成训练需求。基于现实需求和问题改进，美军借鉴模块化系统设计思想和基于网—云端服务技术，开始研究基于云使能模块化服务（Cloud - Enabled Modular Services，CEMS）的 JLVC2020，通过研发小型化的模块化服务单元渐进式替代体系化的复杂训练仿真系统，实现当前松散式的联邦架构向模块化的集成框架转型，最终目的是构建一个基于 CEMS、自适应的 LVC 联合集成训练支撑环境[57]。分析梳理美军 JLVC 联邦的建设发展现状，深入剖析基于 CEMS 技术的 JLVC2020 系统体系架构、关键支撑技术和应用发展规划，对于我军高起点研发军兵种和联合训练仿真系统，积极探索大规模联合集成训练模式的转型，具有重要的借鉴意义和时代价值。

2）基于 CEMS 的 JLVC2020 的体系框架

基于 CEMS 的 JLVC2020 由许多特定功能的模块化服务单元构成，体系框架包括 CEMS、想定管理工具 SMT、虚拟训练接口、相关数据层和权威数据源，图 1. 2. 5 为 JLVC2020 的体系框架示意图。

(1) 云使能模块化服务 CEMS。主要由数据服务代理和云使能环境支撑下的三个模块化服务层构成，包括环境层、战争模拟层和接口层，其中每个层都集成有大量的模块化服务单元，随着 JLVC2020 版本的升级，更多的模块化服务单元将加入其中；

(2) 相关数据层 CDL。CEMS 的概念的关键是建立一个触角深入到现实世界数据源的单一数据层，美军计划建立一个包括兵力结构、武器效能、地理资源、后勤和作战条令等数据的权威资源数据库，并建立 CDL 以支撑模块化服务来解决训练仿真系统中存在的数据冗余、问题数据和数据不一致等问题；

(3) 想定管理工具 SMT。主要包括事件设计工具 EDT 和想定设计工具 SDT，其功能是依据训练需求快速搭建训练环境，能实现在大型训练项目中节约时间、人力等资源，是实现 JLVC2020 灵巧性和可组合性的关键构成部分；

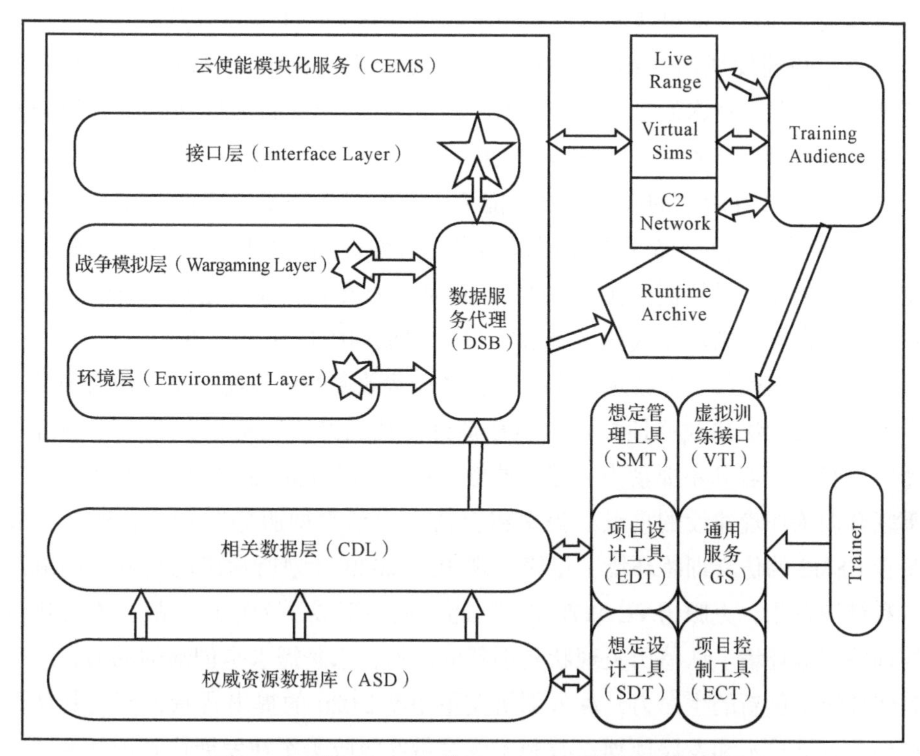

图 1.2.5 基于 CEMS 的 JLVC2020 体系结构框架

（4）虚拟训练接口 VTI。由通用服务和事件控制工具 ECT 组成，是实现 JLVC2020 可接近能力和可发现能力的部件，功能包括协助训练者接近想定管理工具 SMT，组合训练环境，并控制 M&S 的输出等。

3）JLVC2020 的发展规划及应用启示

美军根据 JLVC2020 从 2013—2020 年间的发展情况，大致可以分为三个阶段：

（1）原型开发期（2013—2014 年）。美军联合参谋部于 2014 年进行模块化服务框架原型的设计与开发，在 DSB 原型初期 JLVC2020 和 JLVC 联邦共同发展，主要通过 MSEL 驱动 CAX 满足训练需求和节约经费。

（2）发展关键期（2015—2017 年）。2015 年，美军用 JLVC2020 的 0.6 版本代替逐渐衰败的 JLVC 联邦 6. X 版本，并在次年 DSB 第一个正式版本的基础上发布 JLVC2020 的 1.0 版本，其主要聚焦于 MSEL 与 CAX 的一体化。这一时期 JLVC2020 面临的风险挑战最大，是成败的关键期，但美军认为随着计算能力与云服务等技术的进步和依靠严格的项目管理完全能够克服风险。

(3) 快速发展期（2018—2020 年）。随着模块化服务规范、DSB 和数据管理模式等关键技术的突破，在赛博、A2AD、混合威胁和导弹防御方面开发出新的模块化服务单元，JLVC2020 将进入一个快速稳健的发展时期。JLVC2020 的 2.0 版本的模块化服务能力会有明显的进步，特别是在 CCMD 和 JTFL 训练层级，并具备了在此层级的可组合性。到 4.0 版本，模块化服务将变得常态化而不是特例，JLVC2020 将成为一个灵活、效费比高、可组合、可发现、可接近的满足作战训练需求的 LVC 集成训练技术支撑环境。

美军将建模与仿真技术看作是军队和经费效率的倍增器，是五角大楼处理事务的核心方法和战略性技术，LVC 训练方法已经成为美军“第二次训练革命”的核心内容和主要动力，建设能够支撑 LVC 训练的 JLVC2020 必将成为美军联合训练环境建设的重点。美军将会树立“仿真即服务”理念，通过发展基于 CEMS 的仿真训练环境，最终实现 JLVC2020 计划所承诺的目标：缩减运行和维护费用，克服 JLVC 联邦技术问题，最终形成一个贴近实战、方便快捷的训练支撑环境。认清历史现状是创新的前提，未来需求是创新的动力，顺应时代潮流是创新的生命力，深入剖析美军 JLVC2020 的提出背景，研究其体系框架、关键技术和发展规划，有利于我军借鉴吸收美军在发展仿真训练系统中的有益经验和少走弯路，提升我军仿真建设水平。

1.2.4 存在的问题及发展趋势

根据对本书研究目标和系统设计与建模功能定位的初步分析，以及对集成训练理论与方法、装备保障模拟训练理论与方法、JLVC 联邦仿真技术等研究支撑的现状综述分析，目前在装备保障要素集成训练研究领域存在的主要问题及本书的研究重点如下：

(1) 从体系架构和训练内容上来看，目前研制建立的各类装备保障模拟训练系统，大多是以原有的各级部队体制编制和装备编配构建的，训练实现功能相对单一、训练内容界定不具体、训练支撑手段不完善，且以基于 HLA/RTI 体系架构的分布式软件系统居多，难以满足当前陆军部队尤其是合成部队新的体制编制和训练大纲下装备保障要素专项演练训练需求，因此要组织开展合成部队装备保障要素集成训练，需要按照合成部队新的体制编制和作战编成编组，以新型指挥信息系统装备为支撑，构建基于指挥信息系统软件的分布式异构装备保障集成训练系统。

(2) 从功能实现和组训模式上来看，装备保障集成训练模拟系统需要按照最新的编制体制和新型训练大纲设计系统功能，尤其是严格按照训练大纲装备保障要素专项演练和体系演训的标准要求设计训练功能，解决以前的装备保障指挥和保障分队模拟训练内容相对分离，没有真正集成实现以“装备保障指挥——装备保障分队——维修保障实施”全流程全要素装备保障模拟训练业务特点的问题，在此基础上运用先进的JLVC异构系统集成理念，开展合成部队装备保障多要素集成训练模拟系统体系结构、系统功能组成和组训模式流程的详细建模与设计。

(3) 从效能评估和系统优化上来看，当前开展的装备保障多要素训练综合评估研究中“为评估而评估”的现象仍一定程度存在，评估的反馈指导和系统设计优化改进作用还没有真正有效发挥出来，应当建立全系统全要素全过程的“三全”综合评估机制，既要通过细化训练课目和考核细则开展目标性的成果评估，还要开展对训练需求分析、条件准备、人员水平、目标确定、筹划计划、组织实施、训练效果的评价，构建陆军合成部队装备保障多要素集成训练全程综合评估模式，获得对集成训练全系统全要素全过程的综合性评估结果，从而指导装备保障集成训练工作的持续改进。

1.3 本书的主要工作

1.3.1 研究思路

本书从系统观念和集成方法出发，针对合成部队基于新型指挥信息系统的装备保障情报信息、保障指挥控制、装备供应保障、装备技术保障、装备勤务保障等多要素成体系集成运用模拟训练需求，以集成训练系统优化设计和整体质量效能为导向，以合成部队装备保障多要素集成训练模拟系统体系结构与功能设计方法研究为突破口，在对合成部队装备保障要素集成运用训练系统功能需求与总体架构、主要构成与系统形态、运行模式与业务流程进行系统分析研究的基础上，重点开展基于JLVC的合成部队装备保障集成训练模拟系统的体系结构建模方法、支撑软件功能建模方法、多要素集成训练效能综合评估方法等关键支撑方法技术的研究，建立横向覆盖装备抢救抢修、器材供应、弹药供应等装备保障全业务，纵向联通装备保障指挥、保障分队组织与保障活动实施全过程，形成“装备保障指挥——装备保障分队——维修保障实施”，即从机关指挥端到分队行动层再到武器系统层的一体化集成训练体系，为合成部队装备保障机关和保障分队依据新型训练大纲，按照网系通联训练、专项功能分练、连贯综合演练的组训模式组织基于新型指挥信息系统的装备保障要素专项演练，以及开展集成运用训练效果检验评估提供理论支撑和方法技术支持。

基于新型指挥信息系统的合成部队装备保障多要素集成训练模拟系统建模与评估总体研究思路如图 1. 3. 1 所示。

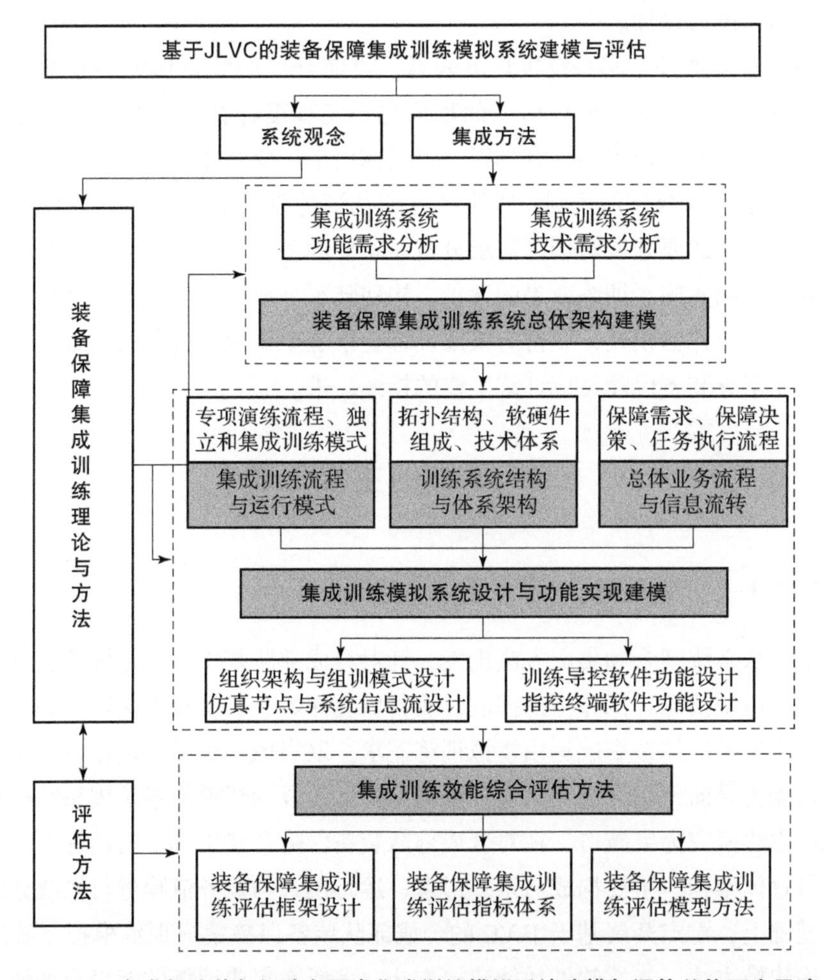

图 1. 3. 1　合成部队装备保障多要素集成训练模拟系统建模与评估总体研究思路

1.3.2　研究内容

本书共分七章，各章的结构关系如图 1.3.2 所示。其中第 1 章主要介绍本书的研究背景，第 2 章至第 4 章为本书的理论研究部分，第 5 章、第 6 章针对装备保障集成训练评估模型建模与评估方法开展研究，第 7 章为研究结论与展望。

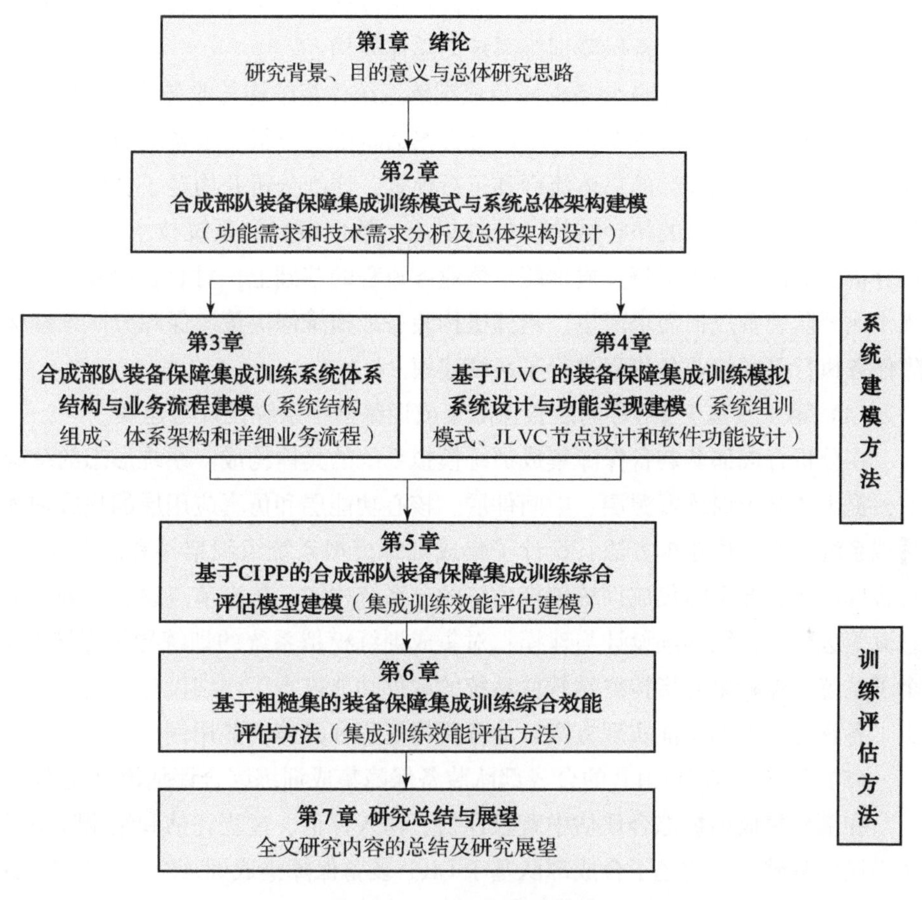

图 1.3.2　本书各章关系图

（1）第 1 章绪论。

在阐述本书的研究目的和研究意义的基础上，对支撑本书研究的集成训练理论与方法、装备保障模拟训练理论与方法、JLVC 建模仿真技术等国内外研究现状进行了综述分析，指出了当前研究存在的问题及改进研究方向；提出了本书的研究思路，并对各章节的主要研究内容进行了简要总结。

（2）第 2 章合成部队装备保障集成训练模式与系统总体架构建模。

分析了训练大纲中合成部队装备保障机关和保障分队的装备保障训练内容体系，重点梳理了合成部队装备保障要素集成训练的具体内容和组训方法；按照“保障指挥机构带装备保障分队，装备保障分队带实兵维修保障”的总体设计思路，研究提出并构建了基于装备保障指挥训练分系统和装备保障分队训练分系统的合成部队装备保障训练系统的总体架构。

（3）第 3 章合成部队装备保障集成训练系统体系结构与业务流程建模。

以合成部队装备保障要素专项演练方案为基础，分析了装备保障要素集成训练系统开展集成训练的总体流程和运行模式，详细分析并构建了合成部队装备保障集成训练系统的拓扑结构、硬件组成、软件组成和系统技术体系结构；在分析合成部队装备保障集成训练总体业务流程的基础上，对装备保障集成训练作战分队装备战损需求产生、指挥机构装备战损维修决策、保障分队维修保障任务执行等详细业务流程进行了系统建模。

（4）第 4 章基于 JLVC 的装备保障集成训练模拟系统设计与建模。

在分析合成部队装备保障集成训练模拟系统的具体构成、系统形态的基础上，提出了基于训练资源层、中间件层、核心功能层和仿真应用层的集成训练模拟系统体系结构建模方法；设计了集成训练模拟系统组织架构和组训模式，对合成部队装备保障集成训练模拟系统的分系统构成、仿真节点设置和训练信息流等进行了系统详细设计与建模；对集成训练模拟系统的训练导控系统的 7 个子系统、保障单元指控终端软件系统的软件功能进行了详细设计与建模，给出了各软件系统的功能实现方案、业务逻辑流程和具体功能用例。

（5）第 5 章基于 CIPP 的合成部队装备保障集成训练综合评估模型建模。

在剖析集成训练综合评估中背景评估、输入评估、过程评估和结果评估具体内涵的基础上，构建了合成部队基于 CIPP 装备保障集成训练综合评估模式；结合合成部队装备保障集成训练需求分析、训练准备、过程实施和训练总结等阶段的相关信息，设计了基于 CIPP 模式的集成训练综合评估指标体系结构和评估内容标准；构建了基于信息熵权法和模糊 AHP 法的合成部队装备保障集成训练模糊综合评估模型，通过实例验证了评估指标体系的科学性和综合评估模型建模方法的有效性。

（6）第 6 章基于粗糙集的合成部队装备保障集成训练效能综合评估方法。

本章在综述粗糙集理论的基本定义、指标约简算法以及在装备保障集成训练中的应用研究现状基础上，研究了基于粗糙集的知识表征方法的装备保障集成训练综合效能表征具体实现方法；基于粗糙集理论设计了连续属性离散化算法，在研究不同属性约简和权重计算算法的基础上，针对合成部队装备保障集成训练效能综合评估，提出了一种改进的基于互信息的粗糙集属性约简算法和权重算法。

（7）第 7 章研究总结与展望。

对全书的研究内容进行了总结，并对进一步的研究工作进行了展望。

第2章　装备保障集成训练模式与系统总体架构建模

本章主要讨论基于指挥信息系统的合成部队装备保障集成训练理论基础和合成部队装备保障训练系统总体架构设计与建模方法，第2.1节基于陆军部队训练大纲，分析陆军合成部队装备保障机关和保障分队的装备保障训练内容体系；第2.2节在界定合成部队装备保障要素集成训练、单元合成训练、体系融合训练等概念内涵的基础上，重点分析合成部队装备保障要素集成训练的具体内容和组训方法；第2.3节在分析合成部队装备保障指挥机构和保障分队力量编制编成和任务特点的基础上，按照“保障指挥机构带装备保障分队，装备保障分队带实兵维修保障”的总体建模与设计思路，研究提出基于装备保障指挥训练分系统和装备保障分队训练分系统的合成部队装备保障训练系统的总体架构建模方法。

2.1　合成部队训练内容体系与装备保障训练内容分析

陆军部队军事训练贯彻从实战需要出发从难从严训练的方针，聚焦“重塑、转型、强能”，突出各类部队体系化训练，将基于能力与基于任务训练融为一体，大力发展基于网络信息系统的训练平台，创新网络化、基地化、模拟化和对抗性训练方法手段，提高训练综合效益。下面以陆军某型合成部队作为研究对象，以陆军新型训练大纲为依据，分析装备保障机关和装备保障分队的具体训练内容，为后面装备保障指挥与保障分队的模拟训练需求分析和集成训练模拟系统设计奠定基础。

2.1.1　合成部队训练内容体系

军事训练一般主要包括“依纲训”和“依案训”两种典型组织训练模式。合成部队是陆军地面突击的主体力量，按照训练大纲主要规范合成、兵种、勤务支援、后装保障等战术训练，本级训练内容区分为首长机关训练、要素专项演练、全系统全要素的体系演练等 3 个主要模块，具体训练内容如图 2.1.1 所示。

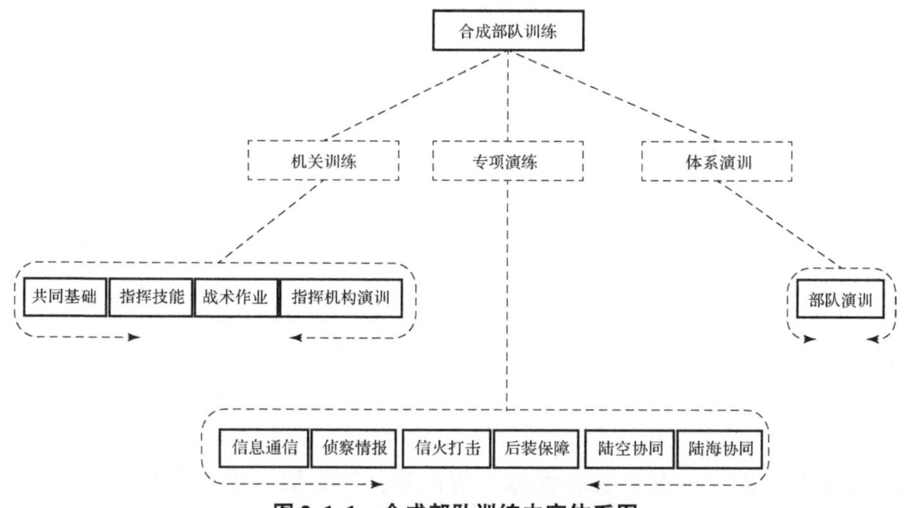

图 2.1.1　合成部队训练内容体系图

首长机关训练按照共同基础、指挥技能、战术作业、指挥机构演训的步骤实施。共同基础训练主要包括军事理论、主要装备操作、指挥信息系统使用等 8 个方面的内容，一般采取个人自训与集中组训相结合的方式实施。指挥技能训练分为指挥员训练（情况判断、战斗构想、战斗决心、战斗协同、综合保障）和机关训练（拟制情况判断结论、拟制战斗方案、拟制战斗计划、标绘战斗要图等），通常依据想定条件作业，按照理论提示、个人作业、研讨交流、小结讲评的步骤进行。战术作业主要包括分析判断情况、确定战斗构想、制定战斗方案、定下战斗决心等内容，一般由本级组织，采取集团作业、编组作业或对抗作业的方式组织。指挥机构演训由上级或本级组织，按照指挥信息系统构建、指挥机构勤务、组织指挥的步骤实施，依据作战方案编组指挥机构，可带下级指挥机构和相关勤务保障分队参加，通常按照战斗进程全过程昼夜连续实施。

部队训练分为专项演练和体系演训两个阶段。专项演练围绕形成整体作战能力的关键环节和重点行动，一般由本级组织，通常由精干指挥机构带相关要素和群队专攻精练，组织信息通信、侦察情报、信火打击、后装保障等要素演练，以及陆空协同、陆海协同等专项行动训练，按照网系构建、专项分练、综合演练的步骤组织实施。体系演训总结推广基地化训练模式，主要由军级以上级别单位组织，通常采取实兵对抗、实弹检验、复盘检讨的方法组织实施。

2.1.2 装备保障机关训练内容

合成部队装备保障机关（战勤计划、装备管理、装备维修等科室）指挥技能训练主要包括拟制后装保障情况判断结论、拟制装备保障方案、拟制装备保障计划、标绘装备保障要图等内容，本书重点分析训练大纲明确的训练科目、条件、内容和标准等要素；战术作业重点分析判断装备保障情况、确定装备保障构想、制定装备保障方案、定下装备保障决心、拟制装备保障计划、实施装备保障推演等内容；指挥机构演训重点分析指挥信息系统构建基础上组织指挥阶段后装保障要素多源获取装备保障情报信息、制定装备保障计划、实施装备保障行动、运用装备保障力量等内容；专项演练重点分析装备保障要素演练涉及到的“制定装备保障计划、展开装备保障部署、实施装备保障行动、组织实施后方防卫、联合装备保障”等内容；体系演训重点分析综合保障能力中的后装保障要素涉及到的“编组装备保障力量、筹划装备保障计划、展开装备保障部署、掌控装备保障行动”等内容。

根据训练大纲，梳理分析合成部队机关训练和部队专项演练、体系演训中涉及的装备保障训练重点内容如表 2.1.1 所列。

表 2.1.1　合成部队装备保障机关训练内容

训练科目	训练条件	训练内容	训练标准
一、指挥技能训练			
拟制装备保障情况判断结论	1. 训练教材、电教器材、模拟器材、相关资料…… 2. 上级装备保障指示摘要，本级战斗任务、战场综合态势图。 ……	1. 搜集装备保障情报信息。 2. 分析判断装备保障情况	1. 掌握拟制装备保障情况判断结论程序、内容和方法。 2. 能够利用保障态势图、专项态势图、专项分析判断结论，结合保障任务，研判保障能力及现状，拟制装备保障情况判断结论。 ……

续表

训练科目	训练条件	训练内容	训练标准
一、指挥技能训练			
拟制装备保障方案	1. 训练教材、电教器材、模拟器材、相关资料…… 2. 上级装备保障指示摘要，本级战斗任务、战场综合态势图。 ……	1. 保障方法和重点。 2. 保障任务区分。 3. 联合装备保障方案。 ……	1. 掌握拟制装备保障方案的程序、内容和方法。 2. 能够根据保障任务和能力现状，提出各阶段保障行动方法和重点。 3. 掌握拟制联合装备保障方案程序、内容和方法。 ……
拟制装备保障计划		1. 构想装备保障行动。 2. 拟制装备保障计划文书。 ……	1. 掌握拟制装备保障计划的程序、内容和方法。 2. 能够根据战斗阶段划分、主要战斗行动，计算分析各阶段保障态势，合理构想装备保障行动和协同措施。 ……
标绘装备保障要图		1. 后方部署图。 2. 装备保障计划图。 ……	1. 掌握标绘装备保障要图的程序、内容和方法。 2. 能够利用手工或者计算机标图的方式，在规定时间内标绘装备部署图、保障计划图、后方防卫图、装备保障经过图等要图。 ……
拟制装备管理、维修、弹药保障方案计划		1. 拟制装备管理方案计划。 2. 拟制维修保障方案计划。 ……	1. 掌握拟制装备管理、维修保障、弹药保障方案的程序、内容和方法。 2. 能够根据保障任务、保障能力，合理编组保障力量。 ……

续表

训练科目	训练条件	训练内容	训练标准
二、战术作业			
战术作业（装备保障）	1. 作战方案；训练教材、相关资料…… 2. 作战对象兵力部署、指挥机构及战斗行动……	1. 分析判断装备保障情况。 2. 确定装备保障构想。 3. 制定装备保障方案。 ……	1. 保障指挥员能够把握情况判断重点，分析判断关键因素对装备保障行动的影响；保障指挥机构能够按照职责分工进行专项、综合分析…… 2. 保障指挥员能够依据上级任务，合理确定装备保障方向、保障力量使用和保障方法步骤等；依托保障指挥机关进行辅助决策，调整完善装备保障构想……
三、指挥机构演训			
组织指挥（装备保障）	1. 作战方案；条令条例、训练教材…… 2. 复杂电磁环境、模拟空情环境……	1. 多源获取装备保障信息。 2. 制定装备保障计划。 3. 实施装备保障行动。 ……	1. 能够多源获取、整编、融合、印证装备保障相关情报信息…… 2. 能够构想装备保障行动、提出装备保障建议、制定装备保障计划…… 3. 能够有效控制装备保障力量，组织实施装备保障行动……
四、专项演练			
装备保障要素演练	1. 训练器材，指挥信息系统；武器装备…… 2. 设置受敌打击威胁下的物资供应、装备抢修、人员抢救等多种装备保障情况……	1. 制定装备保障计划。 2. 展开装备保障部署。 3. 实施装备保障行动。 ……	◆制定装备保障计划 能够根据上级装备保障指示进行保障筹划，合理构想装备保障行动…… ◆展开装备保障部署 按时到达指定位置，迅速展开装备保障部署，人员、装备等配置符合战术要求…… ◆实施装备保障行动 能够采取多种手段和方式，搜集掌握装备保障信息，判明保障需求和保障重点；根据作战保障需求合理调整保障力量，及时展开弹药前送、装备抢修等保障行动。 ……

续表

训练科目	训练条件	训练内容	训练标准
五、体系演训			
部队演训（综合保障能力－装备保障）	1. 作战方案；野外训练场或近似地形…… 2. 设置地面兵力火力等行动威胁情况……	1. 编组装备保障力量。 2. 筹划装备保障计划。 3. 掌控装备保障行动。 ……	1. 能够统筹调配上级支援和本级力量，进行合理编组，全面筹划各类保障行动…… 2. 能够实时掌控装备保障行动，根据作战需求完成弹药、物资和器材筹措，在规定时间内完成弹药补给和物资器材前送…… 3. 维修人员、装备、机具设备按编配齐，按时完成定位搜寻、装备抢救、抢修和后送任务，装备修复数、修复率达到规定标准……

2.1.3　装备保障分队训练内容

合成部队装备保障分队训练区分单个人员训练和分队训练，单个人员训练主要包括士兵和军官训练，分队训练主要包括班组、分队专业协同训练和战术训练以及营级综合演练。

军官训练区分指挥军官训练和技术军官训练，指挥军官训练主要完成共同训练（军事理论、作战问题研究、轻武器使用、体能等）、基本技能（装备保障理论、保障问题研究、指挥信息系统运用、保障装备操作使用、装备保障要图标绘、装备保障文书）、指挥技能（情况判断、保障计算、定下装备保障决心、装备保障协同、装备保障指挥）、编组作业训练（保障编组、组网联调、研究装备保障方案、组织室内推演）；专业技术军官完成共同训练、专业训练和指挥技能、编组作业训练，专业训练按专业类别区分助理工程师、工程师、高级工程师三个技术等级，依据训练内容和标准组织实施。共同训练、基本技能、指挥技能、编组作业统一组织实施。班组、分队专业协同训练主要按建制和任务编组，完成专业技术合练。班组、分队战术训练主要完成战斗勤务训练、基本保障行动和综合演练。

根据训练大纲，梳理分析装备保障分队训练重点内容与保障机关训练体系基本类似，此处不再赘述。

2.2 合成部队装备保障集成训练内容与组训模式方法

2.2.1 装备保障集成训练

通过第1章对集成训练理论方法和前面对合成部队集成训练内涵、层级和组训模式、方法的分析，对应于集成训练的作战要素集成训练、作战单元合成训练两个层级[58]，合成部队装备保障集成训练也可细分为装备保障要素集成训练和装备保障单元合成训练两个层次。

1. 装备保障要素集成训练

通过对集成训练理论方法和装备保障训练内容的深入分析，我们认为装备保障要素集成训练，是指依托陆军部队新型指挥信息系统（包括指挥信息系统新型装备、指挥信息系统软件等），采取系统综合集成和专业归类聚合的方法，对装备保障情报信息、保障指挥控制、装备供应保障、装备维修保障、装备勤务保障等多种要素进行的整体性训练。通过对装备保障要素集成训练内涵的剖析，结合陆军合成部队保障机关设置和保障力量编配的实际，根据陆军新型训练大纲明确的训练内容和标准要求，我们认为装备保障要素集成训练主要包括对装备保障情报信息、指挥控制、供应补给、抢救抢修和勤务保障等单要素集成训练以及上述两个以上要素的多要素集成训练。

（1）情报信息要素。装备保障指挥机构应开展装备保障情报信息和保障态势信息的收集获取、分析处理的程序和方法等训练，重点设置装备保障情报态势信息的多源获取、并行融合、分析研判、分发共享等内容。

（2）指挥控制要素。装备保障指挥机构应依托指挥信息系统装备保障软件组织开展装备保障态势感知获取、力量编组部署、资源调配调度和行动执行调控等训练，重点设置指挥信息系统构建与运用、组织装备保障筹划与方案计划制定等内容。

（3）供应补给要素。装备保障指挥机构、弹药器材供应保障分队，应重点组织开展弹药器材消耗预计、战前战中供应补给保障计划拟制、野战供应保障库所开设、弹药器材供应补给和精确配送等装备物资储供训练。

（4）抢救抢修要素。装备保障指挥机构、装备抢救抢修分队，应组织开展装备保障技术侦察和战损评估、抢救抢修方案制定、抢救抢修组织实施等内容的训练，重点掌握协同运用各种维修保障力量，受领任务、下达指令、机动展开、战损评估、现场抢修、装备后送、撤收转移等组织装备野战抢救抢修的方式方法。

（5）勤务保障要素。装备保障指挥机构、所属警勤防卫分队，应组织开展装备保障防卫计划制定、警勤保障力量展开等训练，重点设置复杂动态情况下的装备保障指挥机构开设、警戒防卫和构工伪装等内容。

在合成部队装备保障指挥控制、供应补给、抢救抢修等单要素集成训练的基础上，着眼装备保障要素之间的功能集成和互联融合形成装备保障体系，以技术协同合训、战术融合运用与保障要素一体联动为重点，以装备保障指挥控制要素为基础和牵引，可对装备保障情报信息、供应补给、抢救抢修和勤务保障等两个（含）以上要素实施多要素集成训练，实现保障指挥机构和保障分队一体集成、上下联动练保障指挥谋略和练专业协同保障的目的。

2. 装备保障单元合成训练

装备保障单元合成训练以保障指挥态势感知、保障筹划、行动控制等为路径的系统联动训练、装备保障单元供管修训合成行动训练为重点，突出装备保障指挥机构高效建立、保障信息快速获取、要素力量合理配置和系统要素综合运用。

（1）保障指挥单元。应重点开展获取装备保障态势、制定装备保障计划、部署装备保障力量、调控装备保障行动、组织装备保障防卫等内容训练，主要是将装备保障情报信息要素、指挥控制要素、勤务保障要素整合融合到装备保障指挥单元中，在此基础上实现保障指挥单元与抢救抢修单元、供应保障单元的合成训练。

（2）供应保障单元。应重点开展制定弹药器材供应补给计划、开设野战弹药器材仓库、开展弹药器材供应补给行动等，突出供应保障信息的获取与预计、供应补给计划制定与行动执行等训练，主要是将情报信息要素、供应补给要素整合融合到供应保障单元中，在此基础上实现供应保障单元与其他保障单元的合成训练。

（3）抢救抢修单元。应突出单元间协同和装备抢救抢修作业等，重点开展装备战场损伤评估、抢救抢修方案制定、保障力量机动展开与维修保障效能反馈等训练，主要是将情报信息要素、抢救抢修要素整合融合到抢救抢修单元中，在此基础上实现抢救抢修单元与其他保障单元的合成训练。

装备保障单元合成训练的最高层次是全系统全要素整体融合训练，重点突出装备保障信息感知获取、综合态势生成分发、方案计划实时优化、保障行动实时掌控等训练，主要包括体系组网训练、指挥决策训练、整体融合训练等内容，主要实现装备保障单元构成要素的保障力量协调统筹、保障资源优化整合和保障效能整体聚合。陆军合成部队装备保障集成训练功能层次结构和训练内容如图 2. 2. 1 所示。

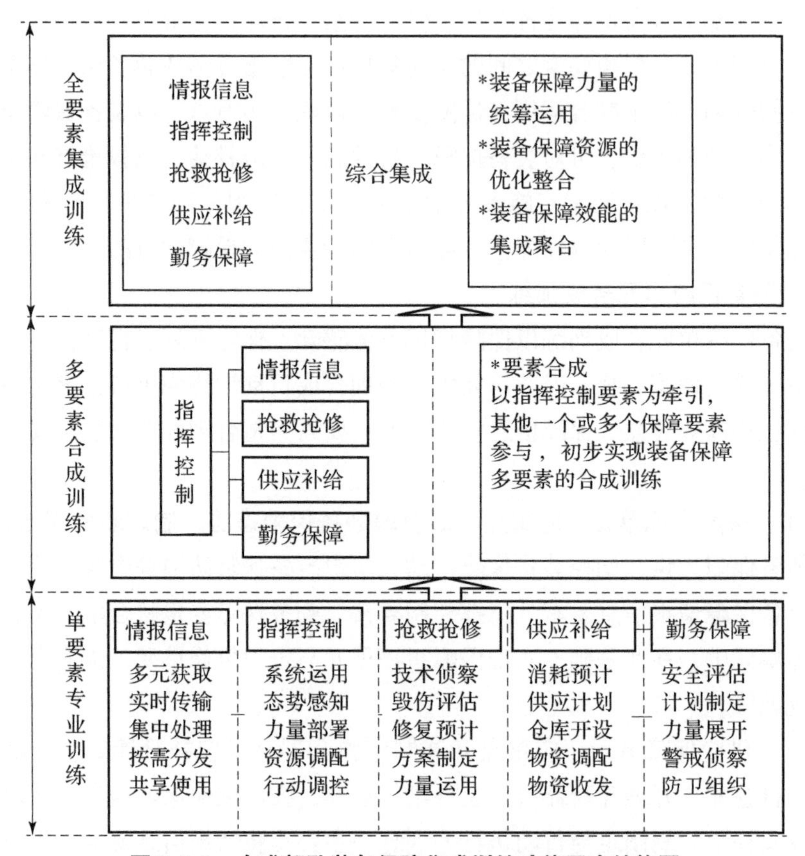

图 2. 2. 1　合成部队装备保障集成训练功能层次结构图

2. 2. 2　装备保障要素集成训练内容与组训方法

根据《基于信息系统的集成训练指导纲要》，基于信息系统集成训练主要包括作战要素集成训练和作战单元合成训练，考虑到前面分析了装备保障要素和装备保障单元的具体构成具有比较明确的对应关系，且装备保障要素集成训练是开展装备保障单元合成训练的重要基础，因此本书后续研究我们不再区分装备保障要素集成训练和装备保障单元合成训练，统一界定为装备保障全系统全要素的集成训练（简称“装备保障要素集成训练”）。

1. 装备保障要素集成训练的具体内容

随着陆军新型指挥信息系统以及物联网、云计算等现代信息技术在陆军部队后装保障领域的广泛应用，使得后装保障向精细化、可视化、集约化的方向快速发展。组织后装保障，必须着眼实时感知保障需求、实时掌控保障资源、实时调控保障行动，准确把握基于信息系统体系作战和网络信息体系联合作战对后装保障要素的能力需求。陆军合成部队装备保障全系统全要素集成训练应重点围绕以下三个方面的具体内容，训练七项具体保障行动，具体训练内容如表 2.2.1 所列。

表 2.2.1　合成部队装备保障要素集成训练具体内容

<table>
<tr><th>要素分类</th><th>保障需求分析</th><th>集成训练内容</th><th>具体细化行动</th></tr>
<tr><td rowspan="7">装备保障要素</td><td rowspan="7">着眼基于网络信息体系的陆军合成部队装备保障集成运用需求，着力提升装备保障要素和保障单元的需求感知能力、系统构建能力、资源掌控能力和指挥控制能力</td><td rowspan="2">1. 制定装备保障计划</td><td>（1）构想装备保障行动</td></tr>
<tr><td>（2）拟制装备保障计划</td></tr>
<tr><td rowspan="2">2. 展开装备保障力量</td><td>（3）组织保障力量展开</td></tr>
<tr><td>（4）构建装备保障配系</td></tr>
<tr><td rowspan="3">3. 实施装备保障行动</td><td>（5）获取装备保障信息</td></tr>
<tr><td>（6）协调控制保障行动</td></tr>
<tr><td>（7）组织实施勤务保障</td></tr>
</table>

1）制定装备保障计划

（1）构想装备保障行动。重点训练保障指挥员围绕总体构想和具体保障任务区分，研判剖析当前装备保障态势，结合担负具体装备保障任务、现有保障能力水平实际，提出后装保障总体行动和装备保障专项行动构想。

（2）拟制装备保障计划。重点训练保障指挥机构依据上级装备保障指示、保障指挥员的行动构想和保障决心、装备保障能力水平实际情况，拟制弹药器材供应保障计划、装备抢救抢修计划、装备保障防卫计划等专项计划。

2）展开装备保障力量

（1）组织保障力量展开。重点训练保障指挥机构基于指挥信息系统新型版装备和实装软件，通过战互网、北斗、数据链等指控链路下达装备保障行动指令，组织抢救抢修单元、供应保障单元等按展开计划和规划路线机动到位，保障装备、物资、弹药等展开配置符合各专业的战术技术要求。

（2）构建装备保障配系。重点训练按照计划和时间要求明确保障指挥机构、抢救抢修所、左右翼保障群、机动保障队、弹药库、器材库等的部署，依托新型通信装备建立运行通畅的通信网系，依托新型版指控装备和实装软件构建要素齐全的指挥信息系统，并根据敌我态势变化适时调整装备保障力量部署和重组通信网络配系。

3）实施装备保障行动

（1）获取装备保障信息。重点训练保障指挥机构运用指挥信息系统实装软件相关功能模块，实时监控作战进程推进和保障行动执行情况、人装物弹战损消耗等情况，及时上报更新指挥信息系统保障态势数据信息，分析研判新的装备保障需求和保障任务，筹划新增或调整现有装备保障行动。

（2）协调控制保障行动。重点训练保障指挥机构依托战互网、北斗等指控链路快速下达装备保障指令，按计划时间执行各项具体的装备保障行动；根据战场态势变化和新生成的装备保障需求，优化调度装备保障单元和调配保障资源，展开“抢救、供应、补给、抢修”等各项具体装备保障行动。

（3）组织实施勤务保障。重点训练保障指挥机构结合指挥机构、修理所、弹药库等库所的配置地域地形，构筑防护工事和实施电磁防护伪装，组织警勤保障分队按照专项保障计划和防护防卫要求实施警戒防卫等勤务保障行动。

2. 装备保障要素集成训练的组训模式方法

作战要素集成训练的组织实施是转化形成部队作战能力的重要过程，装备保障要素集成训练通常按照网系通联训练、专项功能分练和连贯综合演练三个步骤实施。

1）网系通联训练

网系通联训练，是指运用通指装备和各类要素专业指挥信息系统进行组网链接与相关测试，旨在建立互联互通的网络信息系统，为保障多作战要素集成训练的展开奠定基础。装备保障要素网系通联训练主要采取“现地展开、联网操作”的方法组织实施。现地展开，就是缩小场地或实地实距离展开，按作战和保障任务进行保障要素编组，分段或连贯完成要素配置、人员定位与隐蔽伪装、警戒防卫等装备保障勤务训练。联网操作，就是在完成指挥信息系统组网链接的基础上，组织装备指挥中心、保障模块和保障实体进行联网训练，通常按照“计划编组、组网链接、并网运行”的流程，依托通信网系和编制内装备的指控、保障装备，按照构建装备保障通信网系、链接装备保障信息系统的步骤组织实施。

（1）构建装备保障通信网系。通常按照分别组网、逐个沟联、综合运行、检验完善的步骤组织实施，训练提高装备保障要素和保障分队综合运用野战地域网、光电传输网、无线分组网、卫星通信网等通信网系，构建装备保障通信网系的能力。

（2）链接装备保障信息系统。通常按照内部链接、对外链接、综合链接、测试调整的步骤组织实施，训练装备保障要素和保障分队依托装备保障通信网系，运用合成指挥、保障指挥和专业保障信息系统，联通保障信息系统链路，形成装备保障情报感知链、指挥控制链和保障行动链等网络链路。

2）专项功能分练

专项功能分练，是指围绕各专业要素训练内容，分别设置多种情况，组织部队逐项进行的训练活动。装备保障要素在完成网系通联训练的基础上，着眼提升装备保障要素的系统构建、需求感知、资源掌控和指挥控制等能力，区分指挥层级和专业系统，依据作战进程综合设置多种战术情况，重点围绕制定装备保障计划、展开装备保障力量和实施装备保障行动等内容逐一进行分步细训，实现装备指挥机构内部席位间和外部层级间的密切协同。

（1）制定装备保障计划。

构想装备保障行动（情报信息要素、指挥控制要素）：导调机构下达敌情通报、作战命令、上级后方保障指示等导调文书；受训要素以后方装备保障作战会的形式理解任务、分析判断情况，编组保障力量，确定装备保障部署，构想装备保障行动，定下初步装备保障决心；利用指挥信息系统拟制装备保障方案并上报指挥机构。

拟制装备保障计划（指挥控制要素）：导调机构批复装备保障行动构想，形成拟制装备保障计划作业条件；下达补充情况，通报当前战场综合态势和装备保障态势；受训要素根据上级批复和后装指挥员决心，拟制各类装备保障计划。主要包括后方保障指示、协同指示等综合保障计划，弹药、维修、器材等专项保障计划，以及后方防卫计划等内部计划。分析判断情况，判明保障重点和保障需求，及时调整保障计划。

（2）展开装备保障力量。

组织保障力量展开（指挥控制要素）：导调机构下达敌情通报、开进命令等导调文书，搜集掌握各装备保障力量准备和部署展开情况；受训要素组织各保障群（队）按预案隐蔽、快速展开部署，合理配置弹药保障队、器材保障队、战场抢修队等保障分队。

构建装备保障配系（指挥控制要素）：导调机构下达导调文书，通报当前战场态势，监控装备指挥机构（指挥机构后装保障要素）及各保障实体开设、通联、隐蔽伪装等情况；受训要素依据工作预案，迅速组织开设指挥机构及各保障群、队（所），采取多种组网方式建立通信联络，并做好疏散隐蔽工作。

（3）实施装备保障行动。

获取装备保障信息（情报信息要素、指挥控制要素）：导调机构下达导调文书，通报当前战场态势，诱导受训要素获取前方装备保障需求、现有装备保障能力等信息；受训要素运用既有指挥通信手段，与指挥机构、上下级装备指挥机构、所属保障群队沟通联络，多渠道、多方式搜集战场态势、作战进程、保障能力、保障需求等信息。迅速判明信息真伪，过滤无用信息，运用指挥信息系统进行整理汇总。

协调控制保障行动（供应补给要素、抢救抢修要素）：导调机构下发补充作业条件，诱导装备指挥机构及所属保障群队展开装备保障行动；受训要素下达保障指令，指挥保障群队组织弹药物资供应补给，展开装备维修等保障行动；根据保障需求与保障重点，合理调配物资器材，组织保障力量之间及与被保障部分队之间的协同；根据不同战斗方向保障需求，及时调整保障力量、合理调配物资器材，在规定的时间内到达预定地域。

组织实施勤务防卫（勤务保障要素）：导调机构导入敌情、我情信息，诱导装备指挥机构制定防卫方案；导入敌侦察监视、袭扰破坏等演练情况；导入敌小股袭扰、火力打击等情况，诱导指挥机构组织指挥警戒分队展开防卫等勤务保障行动；受训要素根据配置地域地形，合理编组防卫力量，划分防卫区域，拟制防卫方案；根据配置地域地形情况，构筑工事，采取遮障、变形、示假等手段进行伪装；利用多种手段实施防卫，灵活处置各种突发情况，实施迅速有效的警戒防卫行动。

3）连贯综合演练

连贯综合演练，是指在作战要素专项功能分练的基础上，以实兵演训课题为载体，按照实际进程综合设置多种情况，昼夜连续实施的检验性训练，目的是通过训练实现要素内部与外部的互联、互通、互动，形成要素整体作战和保障能力。装备保障要素按照“战备拉动、机动集结、组织战斗、战斗实施”完整的作战进程，按照以下内容开展装备保障行动连贯综合演练。

（1）战备保持能力。

战备状态：弹药、修理器材、防护器材等战备物资储备达到规定标准。

战备等级转换：能够在规定时限内快速有序组织物资器材请领、发放、装载；沟通指挥（观察）所通信联络，建立指挥信息系统。

（2）投送部署能力。

机动准备：能够在 XX 小时内完成机动编队和紧急出动，人员、装备出动率符合要求，各类物资器材携运行量符合战备规定。

机动实施：能够按照输送计划在规定时间内完成装（卸）载，各种掩护警戒兵力按时到位展开，武器装备、物资捆绑加固（解除）等符合战术要求。

机动勤务：部队行动有序，侦察、修理等保障及时有力。

集结部署：按规定路线和时间到达指定位置，到位率达到规定要求，能够在规定时限内展开部署，及时上报集结部署情况。

（3）装备保障能力。

a. 能够统筹调配上级支援和本级保障力量，进行合理编组；全面筹划各类后装保障行动，计划完整、可行。

b. 能够按作战要求展开后方部署，库（所）开设、保障群（队）要素齐全，配置位置符合战术要求。

c. 能够实时掌控后装保障行动。

d. 能够根据作战需求，完成弹药、物资和器材筹措；在规定时间内完成弹药补给和物资、器材前送，运行弹药、油料 XX 个基数，持续作战能力达 XX 小时。

e. 维修人员、装备、机具设备按编配齐，各级、各专业能够根据维修保障范围，按时完成定位搜寻、装备抢救、抢修和后送任务，昼夜装备修复数、修复率达到规定标准，其中轻损装备修复率不低于 XX%。

f. 能够合理使用运力、选择前后送道路，在规定 XX 时间内完成运输保障任务。

2.3 合成部队装备保障训练系统构成与总体架构

2.3.1 合成部队装备保障力量编制及特点分析

调整改革后，合成部队对分散的各种装备保障力量进行了统一整合，在部队机关层面编配了战勤计划、装备管理、装备维修、弹药等业务科室，在分队层面则编配了勤务保障分队，编设卫生分队、运输分队、修理分队、供应保障分队，编配救护车、急救车、补给车、运输车、加油车、修理车等装备，其中修理分队和供应保障分队分别负责部队级装备维修保障任务、装备维修器材和弹药供应保障任务。

调整改革后，合成部队保障力量主要有以下三个特点：

一是战场救护力量野战化。过去一般编设医院，战场卫勤保障能力非常低。调整后卫生分队编重伤救治组、手术组、医疗留治组、机动救护组、防疫组、医疗保障组等，编配急救车、防疫车等若干辆。平时，卫生人员采取分组轮训方式到上级医院以工代训提高医疗救护水平，战时按野战救护所进行编组归建参战，卫勤保障集训等由卫生连统一负责。

二是运输供应力量精准化。根据合成部队 XX 小时独立持续作战能力需要和弹药、油料、器材、给养等携运行标准，精确测算所需保障车辆数量，战时运输连和供应保障队可搭配编组为弹药、油料、器材、给养等多个供应补给组，并依托现有各类供应、运输保障装备依车建库（所），实施精确供应保障。

三是抢救抢修力量模块化。根据平时、战时维修保障任务需要，按照修理专业设置和保障对象特点，对修理分队的编成进行了模块化设计。共编 XX 个修理分队（如装甲底盘、车辆底盘、武器光电火控、指控导弹雷达、特种装备、装备抢救等），平时主要负责装备小修及小修以下等级的维修保障，战时根据作战群队分编多个修理组，实施定点及伴随维修保障任务等。

2.3.2　合成部队装备保障力量编成及任务分析

合成部队指挥机构对作战行动全程进行筹划和指挥控制，编设侦察情报、筹划决策、指挥控制、政治工作、后装保障、指挥保障等要素和后台支撑、外围保障力量。如前所述，装备保障要素集成训练的起点是具备了各专业保障能力、分队专业协同和战术保障能力、装备保障组织指挥能力，集成训练的核心就是把这些分散形成的保障指挥和专业保障能力融合在一起形成整体装备保障能力，通过多要素专项演练，为参加体系演训以及联合作战装备保障训练奠定坚实基础。因此，装备保障要素集成训练的编成编组，应充分考虑担负的保障任务和现有保障力量的能力水平，构建与作战指挥机构有机衔接、与装备保障需求充分适应、与装备保障任务合理匹配的编组模式。

1. 装备保障指挥机构典型编成

根据对合成部队编制和编成编组的分析，其指挥机构的后装保障要素中涉及装备保障集成训练的指挥机构包括后装保障要素主任、计划协调组、弹药补给组、装备维修组。根据合成部队指挥机构席位设置，后装保障要素中的装备指挥机构具体编成和典型席位设置考虑到装备保障训练模拟系统的功能设置和结构组成，结合新型指挥信息系统后装保障软件的基本组成及功能，简化设置装备保障指挥机构的编组和席位如表 2.3.1 所列。

表 2.3.1　合成部队装备保障指挥机构简化编组与席位设置

编成编组	席位设置	主要职责
后装保障要素	后装主任席	保障指挥
计划协调组	计划协调席	接收上级和本级指令 各席位业务协调
装备维修组	装备保障席	态势监视 装备管理
	维修保障席	抢修抢修
	器材保障席	器材供应
弹药补给组	弹药保障席	弹药补给

2. 装备保障分队典型编成及任务

合成部队的后装保障力量，一般按方向成群队式部署：

(1) 指挥机构。由后装保障要素人员编成。负责后装保障工作筹划组织和指挥控制工作；组织指挥卫勤保障行动；组织指挥抢救抢修行动等；组织指挥弹药保障行动。

(2) 救护所。由卫生分队大部编成。主要任务：负责伤病员的救治、后送和卫生防疫等工作。配置地域：在基本保障群地域内靠后位置，便于隐蔽、后送、靠近水源的地域。装备物资编配标准：编配卫生救护装备，即野战急救车、手术方舱、医技保障方舱、卫生防疫车、电源挂车、炊事车、运输车。

(3) 修理所。由修理分队大部编成。主要任务：指挥所属装备抢救抢修力量行动，组织接收下级无法修复的装备，通常完成×小时以内轻、中损装备修理任务，组织本级无法修复的损伤装备后送，负责各战斗力量投入战斗前的装备抢救抢修。配置地域：配置在基本保障群地域内靠前位置，便于隐蔽、便于机动、靠近器材库的适当地域。装备物资编配标准：通常编配修救装备若干台，即：轮式装甲抢救车、抢修车、装甲修理工程车、汽车起重机、拆装修理车、检测工程车、机械维修车、机电检测维修车、光电检测维修车、通指装备电子检测维修车、电源车。

(4) 综合库。由供应保障队一部编成。主要任务：主要负责战时后勤物资器材请领、存储和分发工作。配置地域：可采取以车代库的方式，配置在便于隐蔽、便于机动的位置。

(5) 弹药库。由供应保障队一部编成。主要任务：主要负责战时各类弹药请领、存储和分发工作。配置地域：通常采取地下化或半地下化的方式，配置在基本保障群地域内，便于隐蔽、便于防卫、相对独立的地域。装备物资编配标准：根据作战任务性质和弹药需求。

(6) 油料库。由供应保障队一部编成。主要任务：主要负责战时各类油料请领、存储和补给工作。配置地域：通常采取地下化或半地下化的方式，配置在基本保障群地域内，便于防卫、便于机动、相对独立的位置。装备物资编配标准：根据作战任务性质和油料需求。

(7) 前进保障1队。主要由卫勤、装备抢救抢修、弹药供应、油料供应、维修器材供应等综合保障力量组成，主要编组指挥组、抢修所、救护所、弹药库、器材库、油料库等，负责保障前沿主攻方向的保障。

（8）前进保障 2 队。主要由卫勤、装备抢救抢修、弹药供应、油料供应、维修器材供应等综合保障力量组成，主要编组指挥组、抢修所、救护所、弹药库、器材库、油料库，主要负责保障前沿助攻方向的保障。

（9）机动保障队。主要由卫勤、装备抢救抢修、弹药供应、油料供应、维修器材供应等综合保障力量组成，主要负责定点保障。主要编组装备抢修组、器材保障组、油料保障组、医疗救护组、弹药保障组等。

2.3.3　合成部队装备保障训练系统总体架构

由上述分析可以看出，合成部队装备保障机关和保障分队人员是一支成体系的保障力量，各级装备保障力量按照“保障指挥机构 - 装备保障分队”的组织架构共同履行装备保障相关职能，保障指挥机构主要承担装备保障筹划计划、保障力量调度、装备管理调配、装备维修器材与弹药供应计划和决策等职责，保障分队则包括维修保障分队、器材供应分队和弹药保障分队等，主要承担装备抢救抢修或后送处理，弹药、器材的筹措与供应保障等职责。

从训练的角度来看，上述保障力量构成了一个合成部队装备保障训练系统，可按照“保障指挥机构带装备保障分队，装备保障分队带实兵维修保障”的方式，对作战中装备保障指挥，自行高炮、自行榴炮、防空与反坦克导弹等不同装备保障分队的战术与指挥，以及各类装备的战场抢救抢修等专业内容进行专项训练和综合性、连贯性的演练。某型合成部队装备保障训练系统总体架构如图 2.3.1 所示。

建成后的装备保障训练系统中各单装维修训练器材以及保障指挥、保障分队训练系统互联，在训练信息系统的支撑下，可以构成合成部队全武器系统的装备保障集成训练模拟系统，依托各训练器材的操作训练功能，可以实现作战训练与保障训练相结合。

1）装备保障指挥训练分系统

通过对合成部队装备保障指挥机构训练内容与训练条件的系统梳理，装备保障指挥训练分系统在总体架构上可概括为“一个平台和一个系统”，即装备保障指挥业务训练平台、装备保障综合演练系统，系统架构如图 2.3.2 所示。

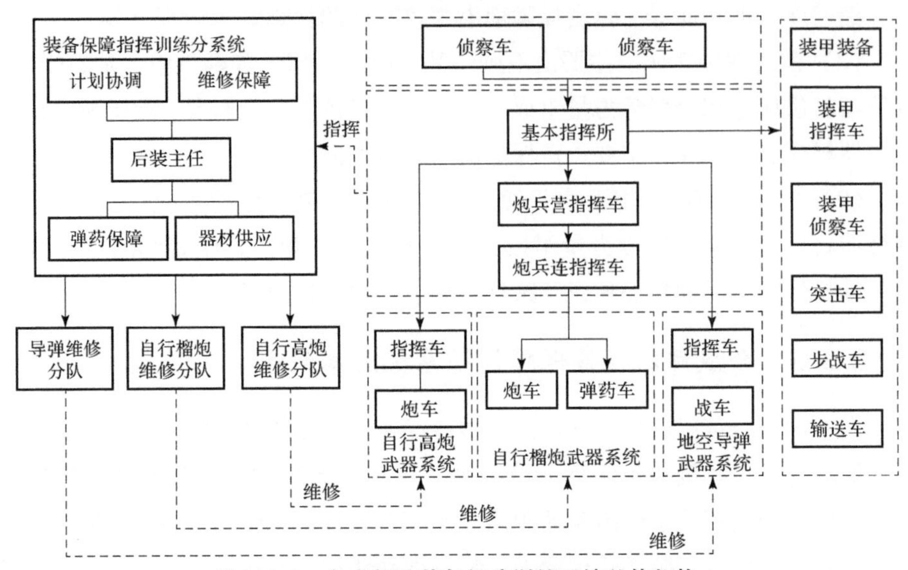

图 2.3.1　合成部队装备保障训练系统总体架构

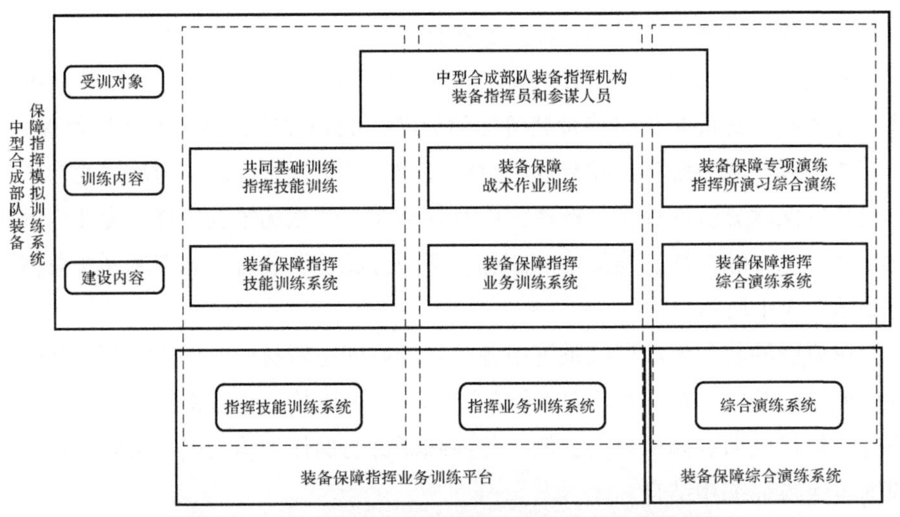

图 2.3.2　合成部队装备保障指挥训练分系统功能架构

(1) 装备保障指挥业务训练平台。该平台是包括指挥作业器材、网络通信设备、指挥信息系统以及配套计算机网络信息系统、训练教材、作业文书、想定库等要素的装备保障指挥业务训练环境，可以支持合成部队装备指挥机构人员开展：一是装备保障文书拟制、指挥信息系统操作使用等共同基础训练；

二是装备保障信息分析、装备保障方案拟制、装备保障计划制定、装备保障要图标绘等指挥技能训练；三是分析判断装备保障情况、确定保障意图、研究保障方案、定下保障决心、制定保障计划、组织保障推演等战术作业训练。

（2）装备保障综合演练系统。该系统是装备保障指挥机构开展指挥机构演训和装备保障要素专项演练的综合演练环境，可包括基础数据管理子系统、训练课目管理子系统、训练导调控制子系统、装备战损子系统、保障指挥作业子系统、保障力量仿真子系统、训练态势显示子系统、训练绩效评估子系统、保障力量代理子系统，可以支持某型合成部队装备保障指挥机构：一是按照战斗进程设置装备保障综合战术情况，开展保障计划拟制与调整、保障力量部署与配置、保障信息获取与分析处理、保障力量与保障行动协调控制等装备保障要素专项演练；二是按照指挥机构后装保障要素编组方案，开展指挥机构间和指挥机构内部以及各保障要素间的协同指挥控制训练，实现准确掌握装备保障信息、有效控制装备保障力量、组织实施装备保障行动等内容的指挥机构演训装备保障综合演练。

2）装备保障分队训练分系统

按照目前陆军合成部队装备保障分队“体系化设计、模块化编组”的总体思路，装备保障分队训练系统在总体架构上也可概括为“一个平台和一个系统”，即装备保障分队指挥技能训练平台、装备保障分队作业训练系统，系统架构如图 2. 3. 3 所示。

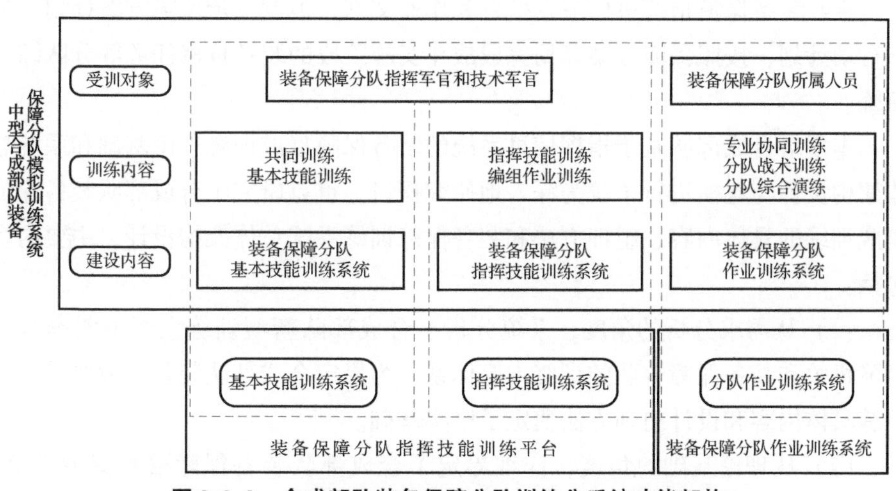

图 2. 3. 3　合成部队装备保障分队训练分系统功能架构

（1）装备保障分队指挥技能训练平台。

该平台是包括指挥作业器材、网络通信设备、指挥信息系统以及配套计算机网络信息系统、训练教材、作业文书、想定库等的指挥技能和编组作业训练环境，可以支持某型合成部队的装备保障分队指挥军官和技术军官开展以下训练：一是装备保障理论学习和保障问题研究，指控通信装备和指挥信息系统操作使用，装备保障要图标绘和保障文书拟制等共同训练和基本技能训练；二是装备保障判断情况、保障计算、定下保障决心、预想保障协同方案、装备保障指挥等指挥技能训练；三是装备保障编组、组网联调、装备保障方案研究、组织室内推演等指挥编组作业训练。

（2）装备保障分队作业训练系统。

该系统是装备保障分队开展班组、分队等专业协同训练、战术训练和综合演练的综合训练环境，可包括保障分队编组与展开虚拟子系统、保障分队作业子系统、保障分队虚拟兵力子系统、模拟通信子系统、分队训练评估子系统和装备保障指挥训练系统互联接口（该接口主要支持装备保障指挥机构带保障分队和维修模拟器训练），可以支持某型合成部队的装备保障分队开展以下训练：一是装备战场损伤评估、野战抢修方案制定、装备抢修作业等模拟野战抢修组织与实施以及分队保障协同等专业协同训练；二是战斗准备阶段的提出保障建议、定下保障决心和制定保障计划等装备保障筹划工作，战斗实施阶段的装备损伤评估、保障力量运用、装备抢救抢修等装备保障行动分队战术训练；三是接收装备保障指挥机构下发指令和作业文书，拟制上传保障方案计划、分队行动计划，按照保障方案计划完成战斗实施阶段的装备抢修任务等分队综合演练。

本章对合成部队基于指挥信息系统的装备保障集成训练理论基础和系统总体架构设计与建模进行了较为深入地研究探讨，重点研究了合成部队装备保障集成训练的具体内容、组训方法和装备保障训练系统总体架构设计，主要内容包括：

（1）从需求分析的角度，系统分析了合成部队新型训练大纲中明确装备保障机关和装备保障分队的训练内容体系，为界定合成部队装备保障要素集成训练具体内容和设计组训方法奠定了坚实基础。

（2）从理论基础的角度，详细界定了合成部队装备保障要素集成训练、单元合成训练和体系融合训练的具体内涵，从“制定装备保障计划、展开装备保障力量、实施装备保障行动”三个方面，重点分析了合成部队开展装备保障要素集成训练的具体内容；按照“网系通联训练、专项功能分练、连贯综合演练”的逻辑思路，研究提出了合成部队装备保障要素集成训练的具体组训方法。

（3）从系统设计的角度，详细分析了合成部队装备保障指挥机构和保障分队力量的具体编制编成及任务特点；按照“保障指挥机构带装备保障分队，装备保障分队带实兵维修保障”的总体设计思路，提出了合成部队装备保障训练系统的总体架构，分析了装备保障指挥训练分系统和装备保障分队训练分系统的具体构成、训练内容和实现功能，为下一章装备保障指挥和保障分队集成训练模拟系统设计奠定了坚实基础。

第3章　装备保障集成训练系统体系结构与业务流程建模

本章主要讨论合成部队装备保障集成训练系统的体系结构和典型业务运行流程建模方法，第3.1节以合成部队装备保障要素专项演练方案为基础，分析装备保障要素集成训练系统开展集成训练的总体流程和运行模式；第3.2节详细分析合成部队装备保障集成训练系统的拓扑结构、硬件组成、软件组成和系统技术体系结构；第3.3节在分析合成部队装备保障集成训练总体业务流程的基础上，详细分析装备保障集成训练作战分队装备战损需求产生、指挥机构装备战损维修决策、保障分队维修保障任务执行等详细业务流程，为装备保障指挥和保障分队集成训练模拟系统功能设计与实现建模奠定基础。

3.1　合成部队装备保障集成训练流程与系统运行模式

3.1.1　装备保障要素专项演练典型流程

根据训练计划安排，为扎实推进合成部队后装保障要素综合演练内容落实，组织以合成部队后装保障为课题的后装保障要素专项综合演练。专项演练一般按照紧急出动、远程机动、配置展开、保障实施、回撤返营、总结讲评的流程组织实施。装备保障要素具体运行实施流程设计如下：起始状态为综合保障中心在各自指挥作业位置就位，保障分队在集结地域隐蔽集结。

1. 制定装备保障计划

(1) 接上级《装备保障指示》和本级《敌情通报》。

【导调组】下发有关导调文书（值班席接收《装备保障指示》和《敌情通报》，报告后装主任席并流转各席位。）

【值班席】XX时XX分接《装备保障指示》和《敌情通报》。

【主任席】将情况通报各组。

【值班席】下发《装备保障指示》和《敌情通报》。

【主任席】各组针对通报情况，注意收集掌握相关信息；结合作战任务和保障力量，筹划保障力量的配置与使用。

（2）接收《XX 地区进攻战斗命令》。

【导调组】下发《XX 地区进攻战斗命令》

地点：指挥机构综合保障中心（后装保障要素）

参加人员：后装主任席、各组组长

议题：确定保障部署，形成保障方案

议程：①组织计划组长提出初步保障方案

　　　②各组长发表意见建议

　　　③后装主任席确定装备保障方案

2. 展开装备保障力量

（1）《保障指示》下发。

勤务保障分队、运输分队根据保障方案，合理区分保障装备和人员，明确任务、配置地域；各群队长引导所属车辆编队由集结地域机动至配置地域。基本保障群各要素、综合保障队，按照搜索、进入、配置、展开、伪装等步骤，在配置地域展开，搞好隐蔽伪装和警戒防卫。

（2）各综合保障队在配置地域展开。

【主任席】各保障要素要加强隐蔽伪装，各群队要派出对空观察人员，搞好对空防护。

值班席接收《上级情况通报》，报告主任席并流转各席位。组织计划组拟制情况处置报告，报告到导调组。油料库、弹药库相关人员迅速撤收，向预定地域转移，并展开。

3. 组织实施后方防卫

在配置展开同时，基本保障群、各综合保障队部署警戒防卫。

值班席接收《情况通报》，报告主任席并流转各席。组织计划组拟制情况处置报告，报告到导调组。基本保障群后方防卫分队组织人员对形迹可疑人员进行抓捕或驱离。

4. 获取装备保障信息

值班席接收《战况通报》，报告主任席并流转各席位。

【值班席】报告后装主任席，XX 时 XX 分收到《战况通报》。

【主任席】流转至各组，进一步加强情况研判，搜集整理相关信息，查明战区内可供利用的保障力量和保障资源。

各组根据通报内容进行搜集整理。

5. 协调控制保障行动

(1) 供应补给与抢救抢修行动。

【导调组】下发《炮兵群申请弹药补充请示》（值班席接收《炮兵群申请弹药补充请示》，报告主任席并流转各席位）。

【值班席】报告后装主任席，XX 时 XX 分收到《炮兵群申请弹药补充请示》。

【主任席】流转至物资供应组，弹药仓库搞好弹药调拨，运输队迅速前出，将弹药前送至炮兵群配置地域。

物资供应组拟制情况处置报告，报告到导调组。弹药库迅速发放弹药，运输队进至弹药仓库进行装载，前运弹药。

【导调组】下发《前送弹药车辆受损报告》（作战值班席接收《前送弹药车辆受损报告》，报告主任席并流转各席位）。

【值班席】报告后装主任席，XX 时 XX 分收到《前送弹药车辆受损报告》。

【主任席】流转至抢救抢修组，做好受损装备的抢修。

抢救抢修组拟制情况处置报告，报告到导调组。保障群队派出车辆维修力量，前出维修车辆。

(2) 达到配置地域后，组织召开专项协同会。

3.1.2 装备保障集成训练系统总体运行模式

从所支撑的装备保障业务上讲，装备保障指挥与保障分队训练模拟系统，依托构建的装备保障指挥业务训练平台和装备保障分队指挥技能训练平台，一方面可以支持合成部队装备保障指挥机构人员开展保障指挥技能和战术作业训练，以及支持装备保障分队军官指挥技能和编组作业训练；另一方面，依托构建的装备保障综合演练系统，基于典型部队一定的作战背景和装备保障想定，可以实现装备保障需求的获取、保障情况的决策处置、保障指令的下达、保障任务执行实施（如装备抢救抢修、器材供应、弹药补给等）和完成情况的反馈接收等业务过程。为了保证平台既能独立运行支持受训对象开展装备保障指挥业务训练和装备保障分队作业训练，同时也能纳入整个合成部队装备保障集成训练系统的装备保障综合演练之中，因此在系统总体设计上提供了两个接口，如图 3.1.1 所示。

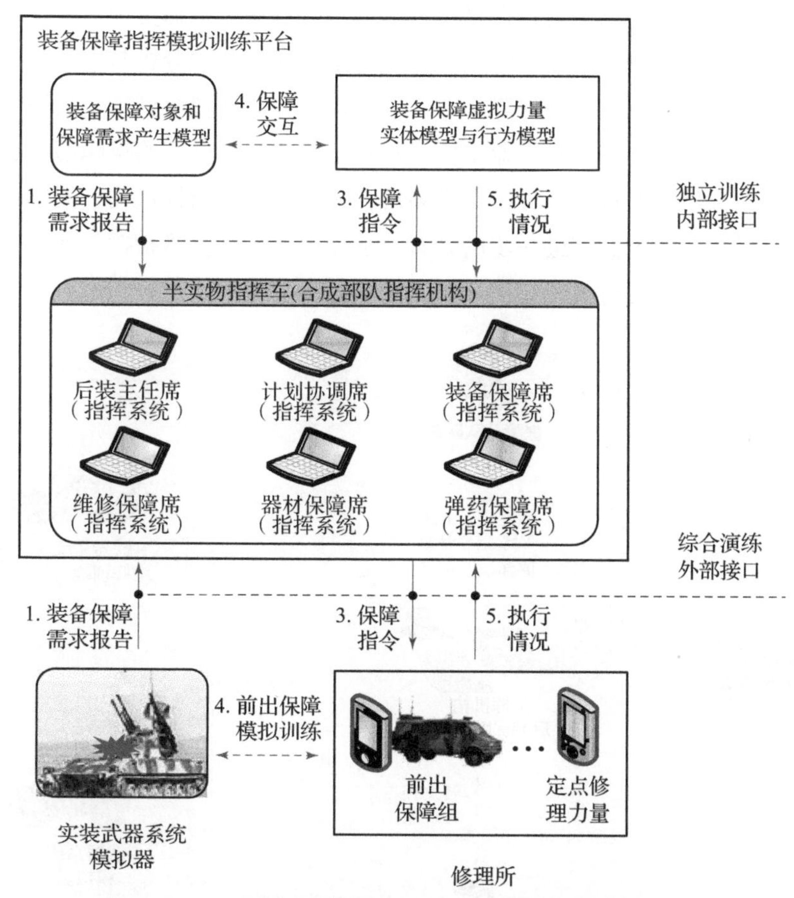

图 3.1.1　合成部队装备保障集成训练系统构成与接口关系

1. 独立训练运行模式

独立训练内部接口保证了装备保障指挥与保障分队受训对象在没有外部实装模拟器参与的情况下，能够在内部保障需求产生模型和虚拟装备保障力量模型支持下，独立开展装备保障指挥训练与分队训练。与综合演练对比，其训练过程同样是一个闭环过程，且信息流一致。对于受训的装备保障人员来讲，操作决策过程也是一致的。

2. 集成训练联动模式

综合演练外部接口保证受训对象能够无缝接入装备保障集成训练系统之中开展装备保障综合演练，其基本过程是：装备使用分队实施装备保障技术侦察，采集装备保障需求信息，如战损装备、弹药短缺等，并将这些保障需求信息以报告形式及时发送至装备保障指挥机构；装备保障指挥受训对象在装备保障指挥与装备保障分队集成训练系统的支持下，完成数据分析与处理，形成装备保障处置方案，下达装备保障指令；装备保障分队在接收到指令后进行任务分析与分配，组织装备保障专业组实施战场抢救抢修、供应等保障活动，并将装备完成情况信息通过保障分队指挥系统传至装备保障指挥机构，便于保障指挥员及时对相应情况做出进一步的处置，从而形成装备保障指挥与保障分队行动的闭环运行，其运行模式如图 3. 1. 2 所示。

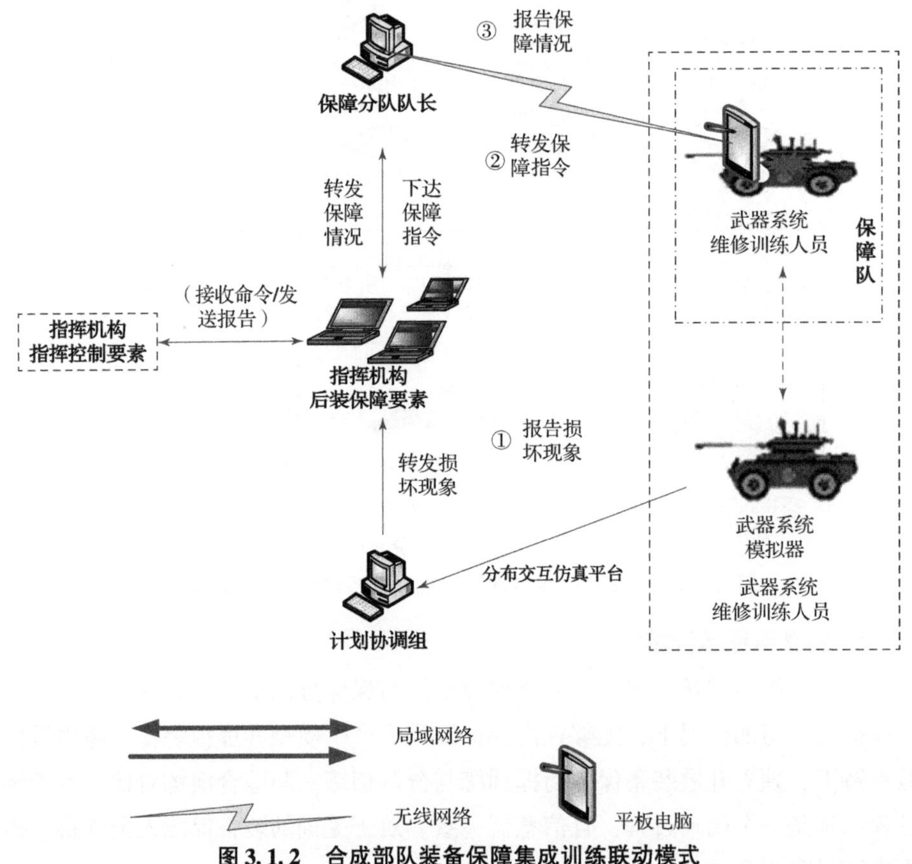

图 3. 1. 2　合成部队装备保障集成训练联动模式

装备保障指挥和保障分队集成训练系统典型业务和总体运行模式如下：

（1）武器系统模拟器向指挥机构后装保障要素的计划协调组计划协调席上报装备损伤报告；

（2）计划协调组计划协调席向装备维修组装备保障席转发当前后装保障态势、后装主任席指示和装备损伤报告；

（3）装备维修组装备保障席接收报告（包括装备损伤报告和维修需求报告），向维修保障席、器材保障席、弹药保障席和后装主任席转发装备损伤报告；

（4）装备维修组维修保障席根据装备损伤报告提取维修保障需求，确定完成任务需要的保障力量类型、数量和维修要求等，拟制装备抢救抢修处置案，并上报后装主任席审批；

（5）装备维修组器材保障席根据装备损伤报告提取器材保障需求，确定完成任务需要的维修器材类型和数量等，拟制维修器材保障处置案，并上报后装主任席审批；

（6）弹药补给组弹药保障席根据当前后装保障态势、后装主任席指示和弹药消耗报告，确定弹药补给的品种和数量等，拟制弹药补给处置案，并上报后装主任席审批；

（7）后装主任席根据维修保障席、器材保障席、弹药保障席上报的各类处置案，负责审批损伤装备是否修理、器材是否供应、损伤部件是否后送、弹药是否补给等问题，形成装备保障指令，并转发装备保障席；

（8）保障队队长根据装备保障席下达的保障指令，组织协调各类保障力量，给抢救抢修组、器材保障组、弹药保障组和定点修理力量指派任务；

（9）各装备保障组负责装备抢修、器材供应、部件后送、弹药补给等保障任务，并及时上报任务执行情况；

（10）定点修理力量负责后送部件的修理，并及时上报任务完成情况。

3.2　合成部队装备保障集成训练系统结构与组成

支撑上述合成部队装备保障要素专项演练和体系演训的训练系统称之为装备保障集成训练系统，该系统主要实现合成部队装备指挥机构的保障指挥作业和装备保障分队的分队作业的综合集成训练，形成“装备保障指挥——装备保障分队——装备保障实施”，即从指挥端到分队层再到武器系统层的一体化集成训练体系，切实通过训练使受训人员掌握装备保障指挥技能、装备保障指挥流程和装备保障指挥业务，提高受训人员的装备保障组织计划能力、协调控制能力。

3.2.1 系统拓扑结构

满足上述合成部队装备保障集成训练功能的系统，从系统组成上主要包括硬件和软件两大部分：（1）硬件类包括装备保障指挥车、装备保障分队携行式指挥系统、装备保障组指控终端；（2）软件类包括训练导控系统、保障指挥作业系统、保障分队作业系统和保障单元指控系统等4个子系统。

合成部队装备保障集成训练系统拓扑结构如图3.2.1所示，由xx台半实物装备保障指挥车、xx台半实物装备保障分队携行式指挥系统和xx套保障单元指控终端组成。

合成部队本级装备保障指挥车维修训练模拟器材中的x台台式机、x台服务器和x台便携式计算机通过网线接入到局域网中，局域网中包含一台24口千兆以太网交换机，交换机通过对等网方式接入到合成部队装备保障分队携行式指挥系统实装操作分系统局域网中。合成部队装备保障分队维修训练模拟器材中的x台台式机、x台服务器和x台便携式计算机，通过网线接入到局域网中，局域网中包含一台16口的千兆以太网交换机，交换机通过对等网方式接入到合成部队本级装备保障指挥车实装操作分系统局域网中。交换机上接有无线路由，可用于与保障组通信。服务器采用双网卡配置，既可以实现与装备保障指挥车、装备保障分队指挥系统进行网络通信，也可以与武器系统进行网络通信。

合成部队装备保障单元指控终端维修训练模拟器材，一般包含地炮专业、高炮专业、导弹专业、火控专业、指控专业、车辆底盘专业等六个专业的模拟训练功能，每个专业分别配置x台平板电脑，平板电脑中安装装备保障指挥和保障分队训练模拟系统保障单元指控终端软件。平板电脑要求可以通过WIFI加密进行无线网络连接，至少包括两个USB口，i5处理器，8G内存以上，64G硬盘，集成显卡，支持触摸。具体网络拓扑结构设计和链接模式如图3.2.2所示。

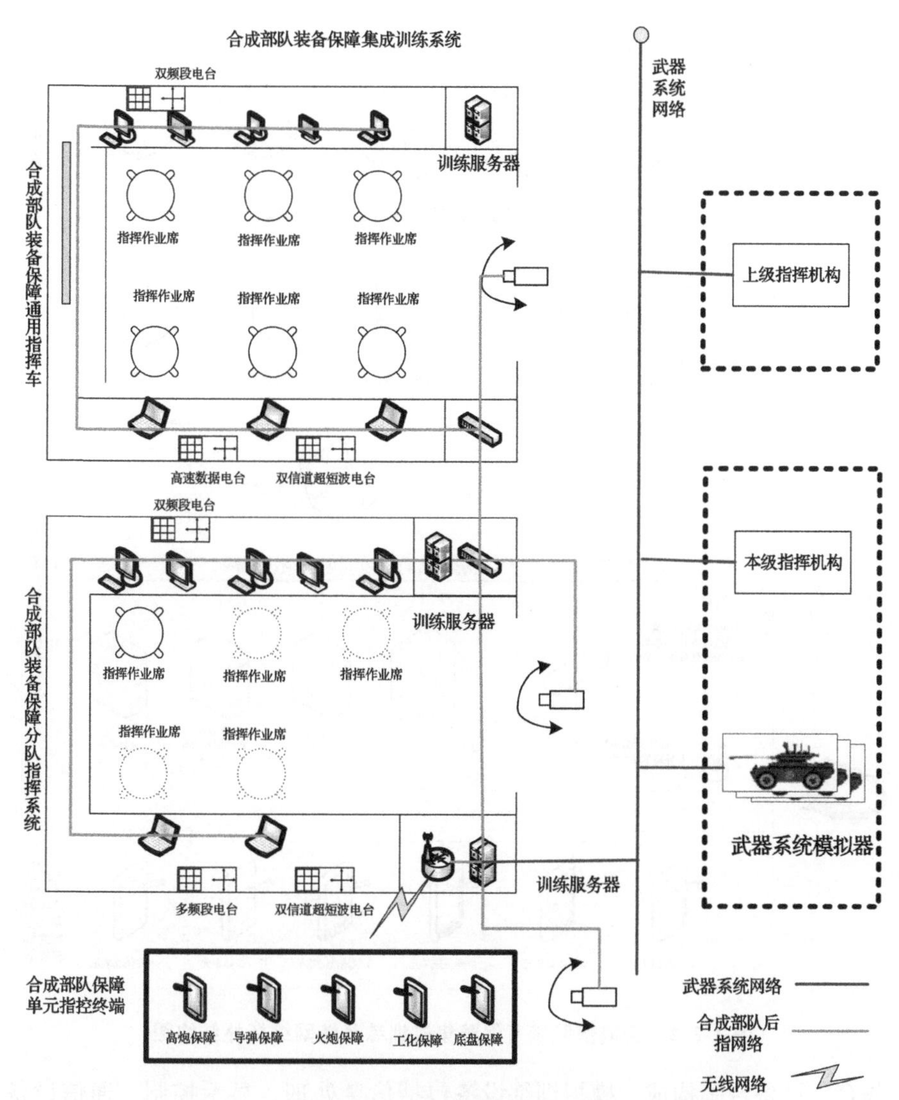

图 3.2.1　合成部队装备保障集成训练系统拓扑结构图

3.2.2　硬件系统组成

系统硬件主要包括半实物装备保障指挥车、半实物装备保障分队携行式指挥系统、装备保障组指控终端。

(1) 装备保障指挥车：由合成部队本级半实物装备保障指挥车组成，模拟指挥车等比例设计，由训练舱、模拟训练设备和软件组成。训练舱由舱体、

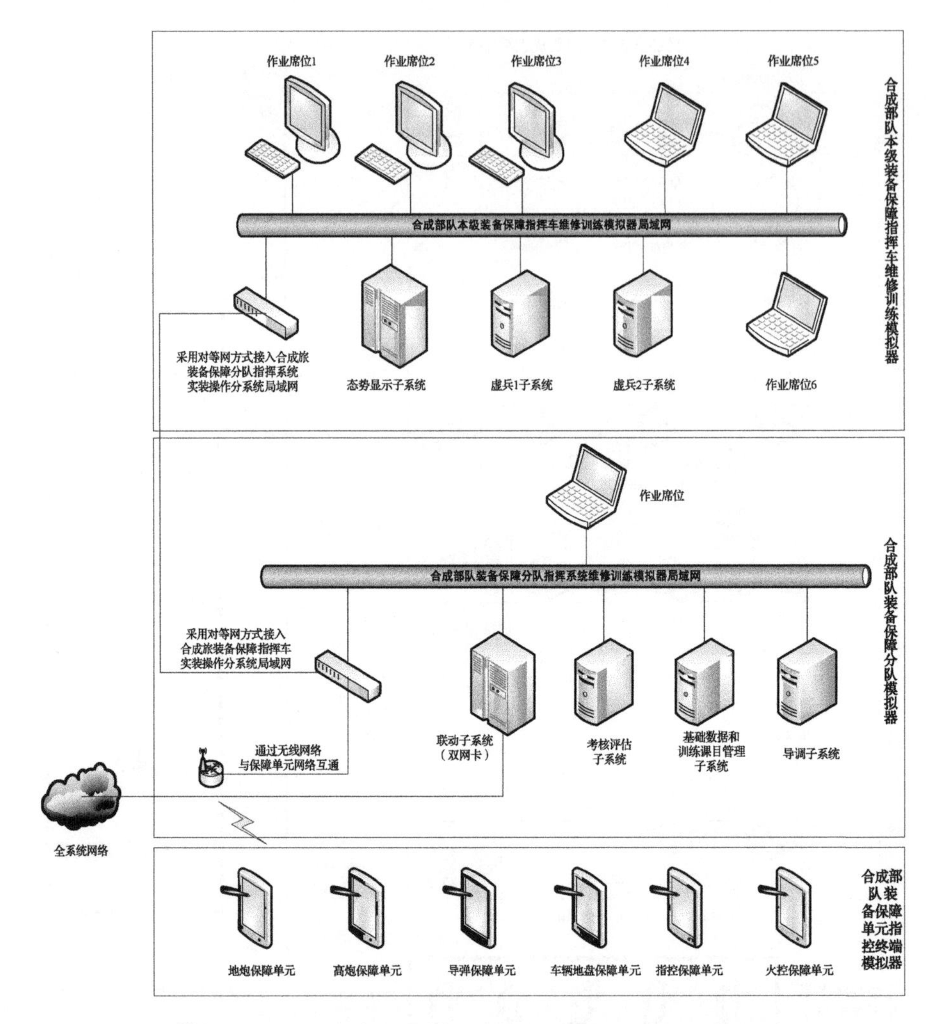

图 3.2.2　合成部队装备保障集成训练系统网络拓扑结构图

工作台、设备台等构成；模拟训练设备包括信息处理、显示控制、通信设备、网络设备、接口处理等信息设备组成；软件为实装软件。

(2) 保障分队指挥系统：由合成部队半实物装备保障分队携行式指挥系统组成，模拟携行式分队指挥系统设计，维修训练模拟器材由工作台、模拟训练设备和软件组成。模拟训练设备包括信息处理、显示控制、通信设备、网络设备、接口处理等信息设备组成；软件为实装软件。

(3) 装备保障组指控终端：包含 xx 台平板电脑，模拟 xx 个保障组业务训练内容。平板电脑采用加固便携处理、支持屏幕触摸和触摸笔两种输入方式，同时设计不少于2个专用接口用于数据交互，支持Wi - Fi加密通信，模拟无线通信功能，平板电脑上安装保障单元指控软件系统，用于数据收发解算、任务安排与执行、战损评估等保障分队业务操作训练。

3.2.3 软件系统组成

软件组成分为训练导控系统、保障指挥作业系统、保障分队作业系统和保障组指控系统四部分。

（1）训练导控系统。训练导控系统是装备保障集成训练系统的控制和管理中心，由导控席位和服务器以及在席位计算机上运行的导控系统软件组成。导控席位包括导演席位、导调席位、系统管理席位等；导控软件包括基础数据管理、训练课目管理、联动控制、导调、虚兵、态势显示和考核评估等子系统。

（2）保障指挥作业系统。保障指挥作业系统是装备保障集成训练系统的主要软件，主要支撑合成部队本级装备保障的筹划决策、方案计划、装备管理、装备维修、弹药保障等专业要素训练和装备保障全过程综合演练。该系统采用指挥信息系统实装软件，需要在获取软件对外接口基础上进行二次开发，用于支撑导控系统输入训练课目、采集态势数据和训练过程数据等。

（3）保障分队作业系统。保障分队作业系统主要包括装备补充入库和调拨出库登记、弹药补充入库和调拨出库登记、器材补充入库和调拨出库登记、维修接修登记、维修情况报告、修竣交接、装备战损报告、弹药消耗报告、器材消耗报告等功能。该系统采用指挥信息系统实装软件，需要在获取软件对外接口的基础上进行二次开发，用于支撑导控系统输入训练课目、采集态势数据和训练过程数据等。

（4）保障组指控系统。保障组指控系统主要实现装备保障单元指令的接收、报告和战损装备的评估等功能，用于训练保障单元对装备保障任务进行分析处理和情况处置，辅助确定损坏装备故障点和可能损坏部件，评定战损装备的损坏程度，确定需要的装备保障资源，制定装备保障行动方案，分步控制保障力量仿真系统执行，模拟保障组业务实施过程。

3.2.4 系统技术体系架构

系统技术体系架构是从业务训练的角度对装备保障指挥与装备保障分队集成训练系统设计中所涉及的相关技术进行系统描述，从合成部队装备保障训练组织实施的角度看，可以分为训练准备、训练实施和训练评估三个阶段，各训练阶段包括的具体软件系统及主要功能模块具体如图 3.2.3 所示。

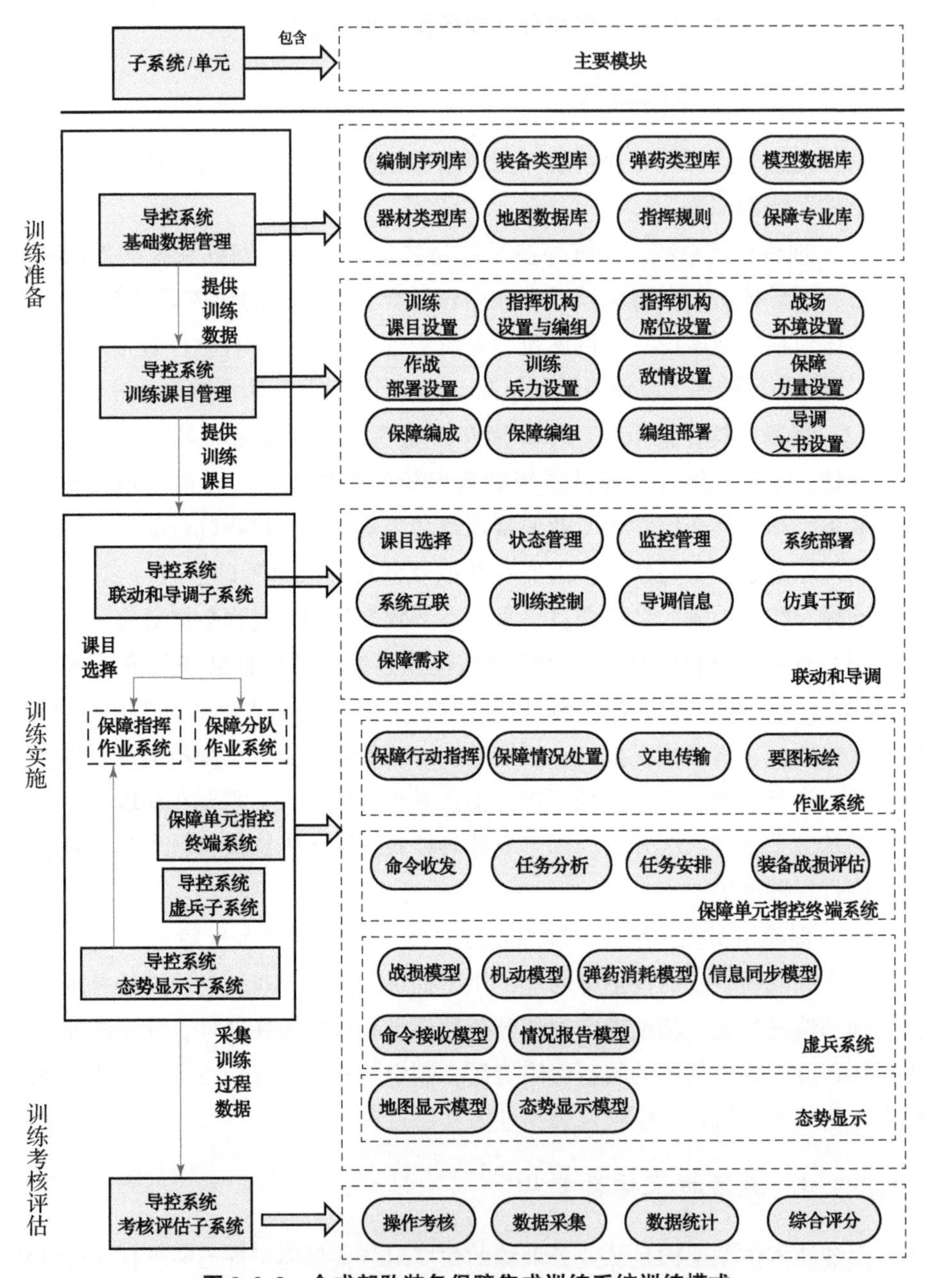

图 3.2.3　合成部队装备保障集成训练系统训练模式

训练准备阶段系统的核心业务包括训练基础数据准备和课目准备。导控系统中的基础数据管理子系统主要确定与装备保障业务活动和分队行动相关的基础数据，如装备部件、弹药标准、维修工时等基础数据；导控系统中的训练课目管理子系统主要面向特定训练目标进行训练任务规划、训练课目设置、保障想定编写、软硬件资源配置等工作。

训练实施阶段系统的职能主要是支持装备指挥机构和保障分队集成训练过程的开展、控制和监控，核心内容是对装备保障需求的处置与业务的处理，具体包括保障需求的接收与处置、保障业务处理、保障模型的运行、保障力量状态信息的控制等内容。

训练考核评估阶段系统的职能是对受训对象的训练绩效进行评估，即针对特定训练课目中训练个人和训练集体完成训练的效果进行考核评估，主要包括装备保障业务与分队训练考核指标体系的建立，训练数据的实时采集，考核评估模型的运行以及对训练结果的分析与建议。

系统纵向技术构成如图 3.2.4 所示，主要包括四个层面：应用层、逻辑层、数据层、支撑层。其中，应用层直接面向装备保障机关和保障分队受训对象，负责完成全业务、全过程的装备保障模拟训练；逻辑层是应用系统的组成

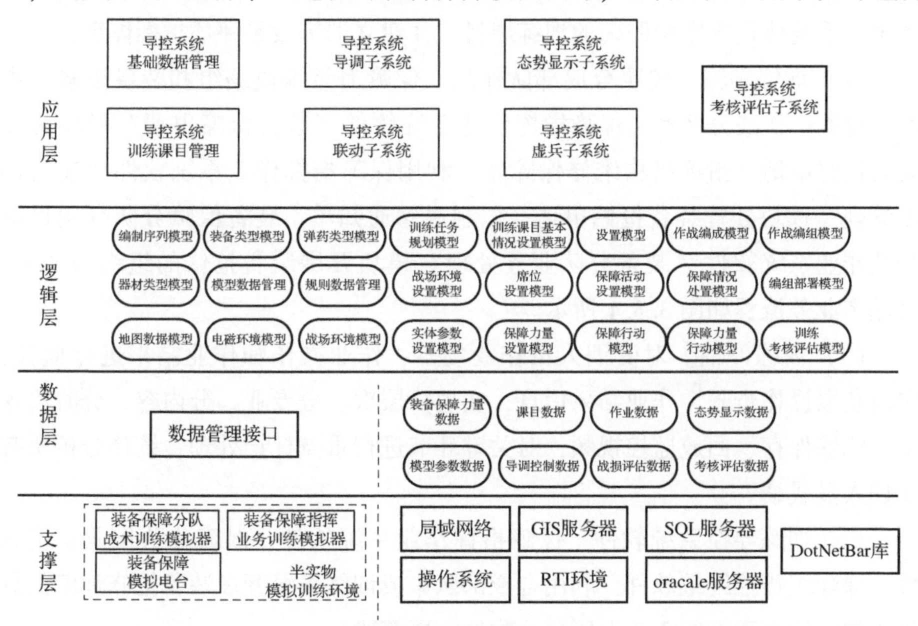

图 3.2.4　合成部队装备保障集成训练系统技术体系架构图

部件，具体描述装备保障模拟训练相关的各个业务逻辑关系，核心是与保障指挥业务、保障分队战术行动相关的业务模型；数据层负责存储和管理模拟训练前、训练中和训练后相关的训练数据；支撑层处于最底层，包括半实物模拟训练环境、全军军事训练信息系统公共平台、网络和各类服务器等，是系统运行的基础设施支撑环境。

3.3 合成部队装备保障集成训练系统详细业务流程

3.3.1 装备保障集成训练总体业务流程

以装备保障集成训练系统“装备抢救抢修”业务训练为例，详细介绍装备抢修的组织实施流程，其他弹药供应补给、物资器材供应等装备保障业务集成训练的组织实施流程与其类似。集成训练过程分为训练准备、训练实施和训练评估三个阶段。

（1）训练准备。通过训练导控系统软件“基础数据管理”子系统，录入典型部队编制、装备、弹药等基础数据；通过“训练课目管理”子系统，分类录入系统建设方案中明确的训练课目，并建立训练效果评估指标体系。

（2）训练实施。按照合成部队作战、保障力量编成编组和装备抢修基本业务过程，作战分队利用保障指挥作业系统软件“装备保障申请”模块提出装备抢修申请，指挥机构维修保障席位利用保障指挥作业系统软件“装备调度管理”模块处置装备抢修申请，拟制送修通知单，装备保障分队利用保障分队作业系统软件“装备分队业务处理”模块开展装备抢修的组织与实施，其基本业务流程如图 3.3.1 所示。

（3）训练评估。对受训人员作业场景、作业操作和作业结果进行监控，实时获取操作步骤、作业结果信息，实现分层次、分专业、分内容、分阶段评估，能够保存、回放监控视频，对关键环节进行重点标记处理，统计分析所有受训人员成绩。

依托训练导控系统软件、保障指挥作业系统软件、保障分队作业系统软件、保障组指控终端软件，利用合成部队集成训练系统开展装备抢修训练的具体组织实施流程如图 3.3.1 所示，此处不再赘述。

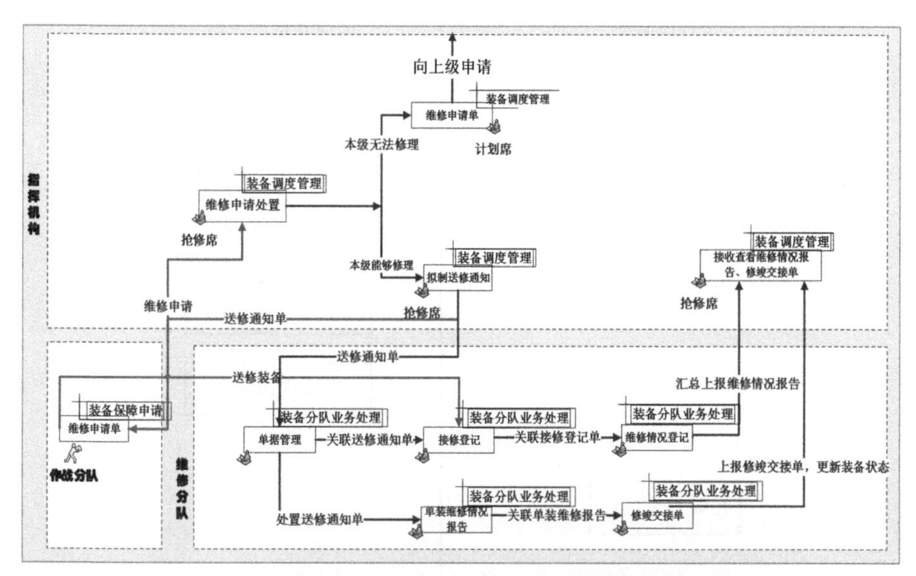

图 3.3.1 合成部队装备保障集成训练系统装备维修典型业务流程

3.3.2 作战分队装备战损需求产生流程

后装保障要素实施装备保障决策的需求一般分为两类：第一类是装备战场损伤报告，由作战分队上报获得，或者在开展装备保障集成训练时可由武器系统模拟器产生战损报告；第二类是装备保障组执行行动过程中的需求报告，如器材供应请求和损伤部件后送请求。装备战损产生由合成部队武器系统模拟器根据总体训练科目设置，由武器系统模拟器操作人员利用武器系统模拟器自身的故障损伤报告模块通过分布交互仿真平台报告到指挥机构后装保障要素计划协调组。装备损伤报告上报流程如图 3.3.2 所示。

装备产生故障后，作战分队操作人员及时向后装保障要素计划协调席上报装备损伤报告，报告内容包括：报告编号、损伤装备编号、损伤装备类型、装备损伤现象、损伤装备位置、装备损伤时间、报告单位等。此报告内容可包括多条损伤装备情况，损伤现象应在装备指挥保障机构能够处理的范围之内。

3.3.3 指挥机构装备战损维修决策流程

合成部队武器系统模拟器形成装备损伤报告后，向指挥机构后装保障要素计划协调组报告，指挥机构后装保障要素计划协调组、装备维修组和弹药补给

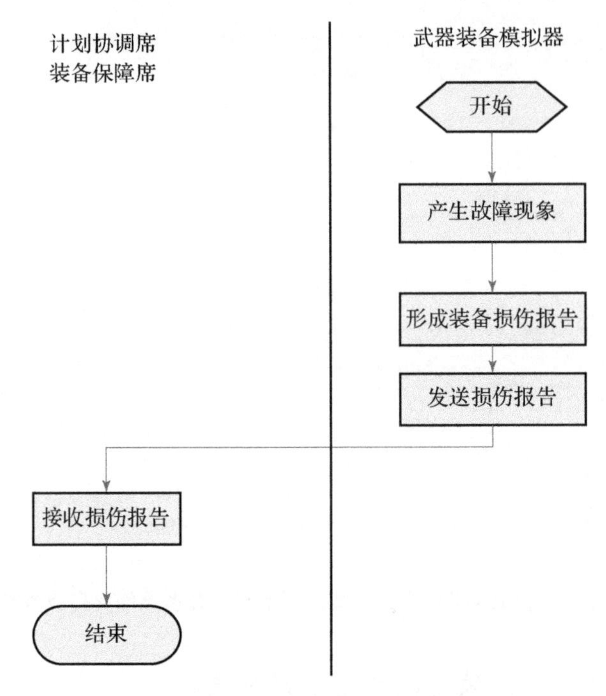

图 3.3.2 装备损伤产生与报告流程

组协同开展装备保障决策分析和筹划。合成部队指挥机构后装保障要素根据作战任务、当前保障决心和装备损坏结果，形成保障决策，下达装备保障指令，下达的装备保障指令内容包括：损坏装备编号、损坏装备类型、损坏装备位置、装备损坏现象、损坏部件、所需维修力量专业类型、所需机工具类型、所需维修器材类型、所需维修器材数量、维修要求等信息。

其维修决策流程如图 3.3.3 所示。

具体业务流程如下：

(1) 装备保障席接收装备损伤报告并转发。

合成部队武器系统模拟器上报的装备损伤报告由计划协调席接收，之后转发至装备保障席，装备保障席接收后转发至维修保障席、器材保障席、弹药保障席等，并口头告知后装主任席。

(2) 维修保障席拟制情况处置案。

情况处置案拟制原则为一事一报，也就是针对一个保障决策的需求形成一个处置案，情况处置案拟制过程一般分为三步：分析损伤报告、处理保障需求、拟制情况处置案。

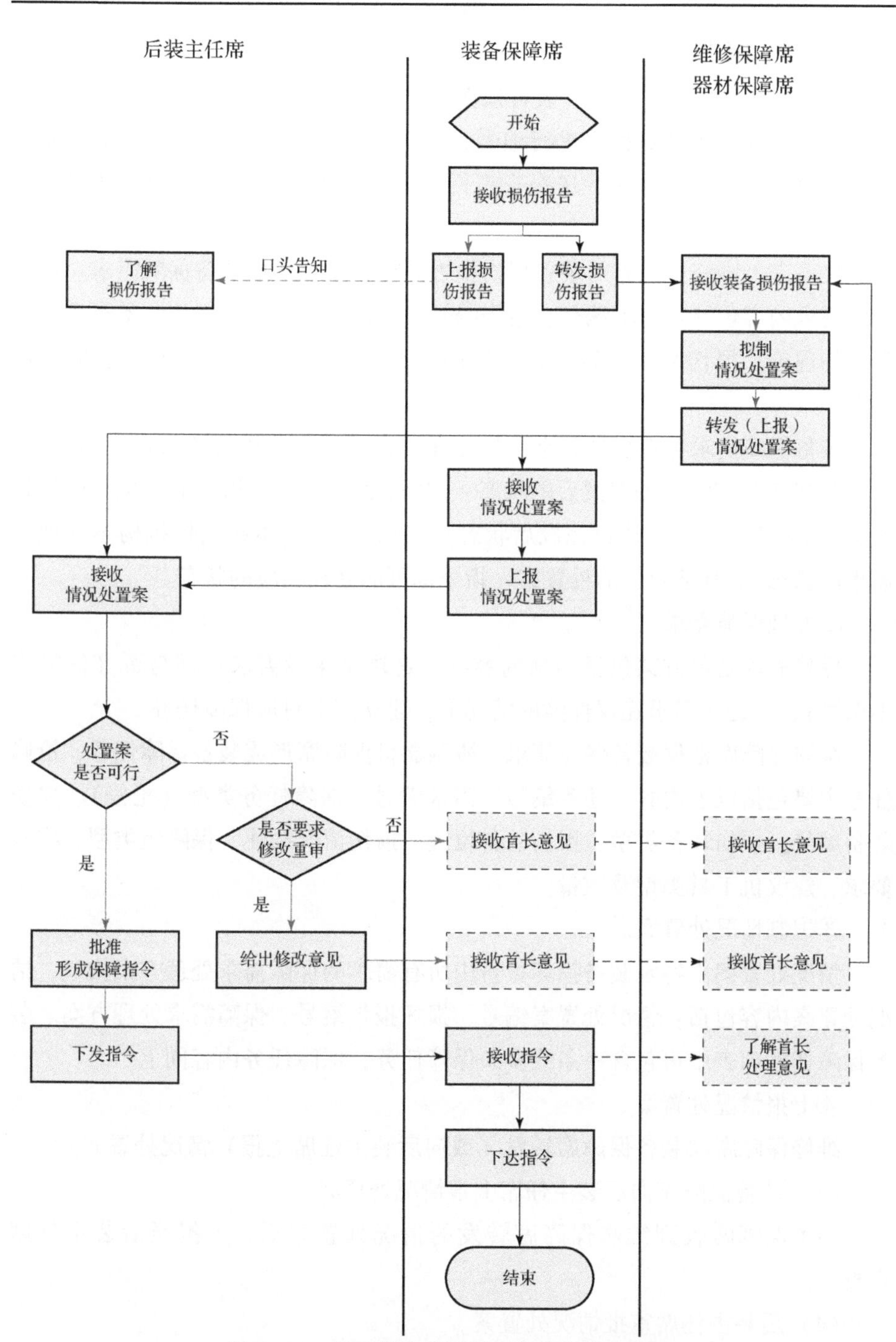

图3.3.3　接收装备战损情况保障决策流程图

①分析损伤报告。

分析损伤报告主要工作：装备损伤报告管理；提取装备保障需求。

报告管理主要是对报告进行编号、分类（针对两类需求，按装备损坏报告、器材供应报告、部件后送报告进行分类，报告类型状态分为处理和未处理）。

接下来，维修保障席对装备损伤报告进行分析，形成装备保障需求。装备保障需求内容包括：需求编号、报告编号、损伤装备编号、损伤装备类型、装备损伤现象、损伤装备位置、装备损伤时间、报告单位、紧急程度、危险程度等。

装备保障需求存在多种状态：待处理状态（报告分析后的状态）、处理状态（形成任务和情况处置案后的状态）、执行状态（形成指令下达执行后的状态）、完成状态（指令执行完成后状态）、放弃状态（本级指挥机构不处理该需求的状态）。其他对应的处置案、指令也可能处在相应的状态。

②处理保障需求。

保障需求处理方案包括两项内容：一是建议保障需求处理与否（保障或不保障）；二是在需求建议保障的情况下，建立需求对应保障任务。

维修保障席根据装备保障需求，协调器材保障席形成装备保障任务，抢修任务主要包括以下内容：任务编号、需求编号、保障任务类型（抢修）、损伤装备编号、损伤装备类型、损伤装备位置、损伤情况描述、保障组类型、维修要求、建议机工具类型及数量。

③拟制情况处置案。

情况处置案由特定装备损坏报告中所有需求的保障需求处理方案构成，情况处置案内容包括：情况处置案编号、损坏报告编号、保障需求处理方案。装备保障任务列表中可包含一条或多条保障任务，保障任务内容同上。

④上报情况处置案。

维修保障席向装备保障席转发（或向后装主任席上报）情况处置案。

(3) 装备保障席向后装主任席上报情况处置案。

装备保障席收到维修保障席转发的情况处置案后，上报至后装主任席审批。

(4) 后装主任席审批情况处置案。

后装主任席对情况处置案的审批过程包括以下三种情况。

①批准并转发装备保障席下发执行。后装主任席依据保障现状，批准情况处置案，形成装备保障指令，并转交装备保障席下发执行。装备保障指令内容主要包括：装备保障指令编号、情况处置案编号等。维修保障席和器材保障席同时获知该保障指令信息。

②不批准。结合当前保障态势，不批准该情况处置案的执行。装备保障席和维修保障席和器材保障席同时获知该审批意见。审批意见格式为：不批准（格式化意见）、不批准详细意见（非格式化意见）。

③提出修改意见并要求重审。情况处置案不合理，要求维修保障席和器材保障席重新拟制。装备保障席、维修保障席和器材保障席同时获知该审批意见。审批意见格式为：修改后重审（格式化意见）、修改详细意见（非格式化意见）。

（5）装备保障席下达指令。

装备保障席收到批复后的装备保障指令后，根据装备保障指令中包含的装备保障任务，分别向各装备抢修组下达，具体步骤如下：

①提取任务。装备保障席将装备保障处置案中保障需求处理方案提取出来，下达到相应保障队队长。装备保障任务的内容包括任务编号、需求编号等。

②下达任务。装备保障队队长接到任务；维修保障席和器材保障席同时获知该信息。

3.3.4　保障分队维修保障任务执行流程

保障分队的主要职责是管理保障力量，安排保障组执行任务，主要有指派任务、下达归建指令、下达任务中断指令。装备保障分队维修人员，利用手持“命令接收和情况报告”收到保障指令后，根据损坏报告和保障指令要求，派出维修保障力量。维修保障力量到达战损装备位置后，维修保障力量在战损评估系统的支持下，基于合成部队武器系统模拟器开展维修保障训练，并及时把维修保障情况报告到综合保障队队长席并上报到指挥机构后装保障要素装备保障席，由指挥机构决定下一步情况处理。

针对装备损坏情况和装备保障能力现状，可能出现以下四种处理办法：

（1）现地完成损坏装备维修。

对于损坏的装备，维修保障力量能够在现地基于现有保障力量和器材完成维修。任务完成后，维修保障力量使用“命令接收和情况报告平板电脑”及时报告任务完成情况，报告内容包括：损坏装备编号、损坏装备类型、损坏装备位置、装备损坏程度、装备损坏部件、维修任务完成情况、器材消耗情况、机工具使用情况、人员伤亡情况等信息，并在报告后归建。

（2）先实施器材供应后现地完成装备维修。

对于损坏的装备，维修保障力量能够在现地基于现有保障力量完成维修，但缺少必要的器材。这种情况下，维修保障力量要使用“命令接收和情况报告平板电脑”及时报告任务完成需要的器材，报告内容包括维修器材类型、维修器材数量、请领单位、请领原因等信息，之后维修保障力量在现地等待指挥机构后装保障要素的处理意见。

指挥机构后装保障要素的处理方式：命令维修保障力量在现地等待器材前送，器材送达后实施“现地损坏装备维修”。对于器材前送处理流程和装备维修决策基本流程一致，向器材保障组下达器材前送指令时，指令内容包括损坏装备编号、损坏装备类型、损坏装备位置、装备损坏现象、损坏部件、所需维修器材类型、所需维修器材数量、供应要求等信息。

（3）损坏部件后送修理后现地完成损坏装备维修。

对于损坏的装备部件，维修保障力量在现地不具备完成维修所必需的技术条件，必须后送装备部件进行修理。这种情况下，维修保障力量要使用“命令接收和情况报告平板电脑”及时报告检测现状，报告内容包括损坏装备编号、损坏装备类型、损坏装备位置、装备损坏现象、后送损坏部件、所需维修器材类型、维修器材数量、后送请求等，之后维修保障力量在现地等待指挥机构后装保障要素的处理意见。

指挥机构后装保障要素的处理方式：命令维修保障力量把损坏部件后送修理。下达后送指令时，下达的装备保障指令内容包括损坏装备编号、损坏装备类型、损坏装备位置、装备损坏现象、后送损坏部件、所需维修器材类型、所需维修器材数量、后送要求等信息。维修保障力量在装备后送完成后及时展开损坏部件维修，之后请示以“现地完成损坏装备维修”的处理流程接着完成损坏装备维修。

（4）装备损坏严重放弃修理。

装备损坏严重，无修复价值。这种情况下，维修保障力量要使用“命令接收和情况报告平板电脑”及时报告装备损坏情况及处理意见，报告内容包括损坏装备编号、损坏装备类型、损坏装备位置、装备损坏现象、损坏部件、放弃修理意见等。

本章对合成部队基于新型指挥信息系统的装备保障集成训练系统的体系结构和典型业务流程建模方法进行了较为深入地探讨，重点研究了合成部队装备保障集成训练系统的运行模式、拓扑结构、软硬件组成和详细业务流程建模方法，主要包括：

（1）从实例总结的角度，梳理制定了合成部队开展装备保障要素专项演练的组织实施过程，系统归纳了开展集成训练的“制定装备保障计划、展开装备保障力量、协调控制保障行动”典型训练流程，为构建合成部队装备保障集成训练系统体系结构和设计系统运行业务流程奠定了坚实基础；

（2）从系统构建的角度，详细分析了合成部队装备保障集成训练系统的运行模式，提出了合成部队装备保障集成训练系统总体拓扑结构、软硬件组成和系统技术体系架构建模方法，构建了较为完善的装备保障集成训练系统结构体系；

（3）从系统设计的角度，在分析合成部队装备保障集成训练总体业务流程的基础上，详细分析并设计提出了装备保障集成训练作战分队装备战损需求产生、指挥机构装备战损维修决策、保障分队维修保障任务执行等详细业务流程，为下一章开展合成部队装备保障集成训练模拟系统功能设计与实现奠定了坚实基础。

第 4 章　基于 JLVC 装备保障集成训练模拟系统设计与建模

本章主要讨论合成部队基于 JLVC 联邦仿真架构新技术和异构系统集成新理念的装备保障集成训练模拟系统设计建模和具体功能实现方法，4.1 节拟在分析合成部队装备保障集成训练模拟系统的具体构成、系统形态的基础上，设计构建模拟系统的总体架构，提出基于训练资源层、中间件层、核心功能层和仿真应用层的集成训练模拟系统体系结构建模方法；4.2 节在设计集成训练模拟系统组织架构和组训模式的基础上，对合成部队装备保障集成训练模拟系统的分系统构成、仿真节点设置和训练信息流等建模方法进行详细设计；4.3 节对集成训练模拟系统的训练导控系统的 7 个子系统、保障单元指控终端软件系统的软件功能进行设计建模，给出各软件系统的功能实现方案、业务逻辑流程和具体功能用例，为软件系统研制和原型系统实现奠定基础。

4.1　基于 JLVC 的合成部队装备保障集成训练模拟系统体系结构

4.1.1　装备保障集成训练模拟系统总体架构与具体构成

由上一章的分析可知，合成部队装备保障集成训练系统是一个功能结构复杂、业务流程详细、包含软硬件系统众多，支撑合成部队开展装备保障要素集成训练的复杂系统，完全采用实装软硬件系统或半实物模拟器开展全系统全要素集成训练是不现实的。因此，基于系统建模仿真理论，特别是借鉴美军支持集成训练的 JLVC 体系框架，根据系统中各构成要素特点，设计合理的模拟训练仿真系统，构建形成合成部队装备保障集成训练模拟系统是支撑集成训练的有效途径。

1. 集成训练模拟系统总体架构

根据上一章对合成部队装备保障集成训练模拟系统的需求分析和功能设计，针对合成部队装备保障要素专项演练和综合集成模拟系统建设，采用统一的逻辑架构和建设思路，在总体架构上该类系统涉及模拟器材、导控系统、分布交互平台、基础设施环境等资源，如图 4.1.1 所示，总体上分为四大部分：①装备模拟系统，由相应武器系统内的各装备模拟器材、虚兵组成，装备保障模拟系统由各装备保障指挥机构和保障分队集成训练模拟器，或其他形式的训练资源构成，主要完成对武器装备和保障分队训练内容的模拟，承载指挥决策、供应补给、抢救抢修等训练内容；②模拟训练支撑环境，由导调控制与管理系统、战场环境模拟与态势显示系统和蓝方兵力模拟系统构成，为训练提供战场环境信息、对抗条件保障，以及训练的导调、裁决和评估等；③训练仿真分布交互平台，实现装备模拟器材、导控系统等节点间的互联互操作，构建为分布式仿真系统，实现时间同步和空间一致性；④基础设施环境，主要是指网络传输与训练信息采集系统，实现分布节点间的网络连接，以及对训练终端和训练现场信息的采集与传输。

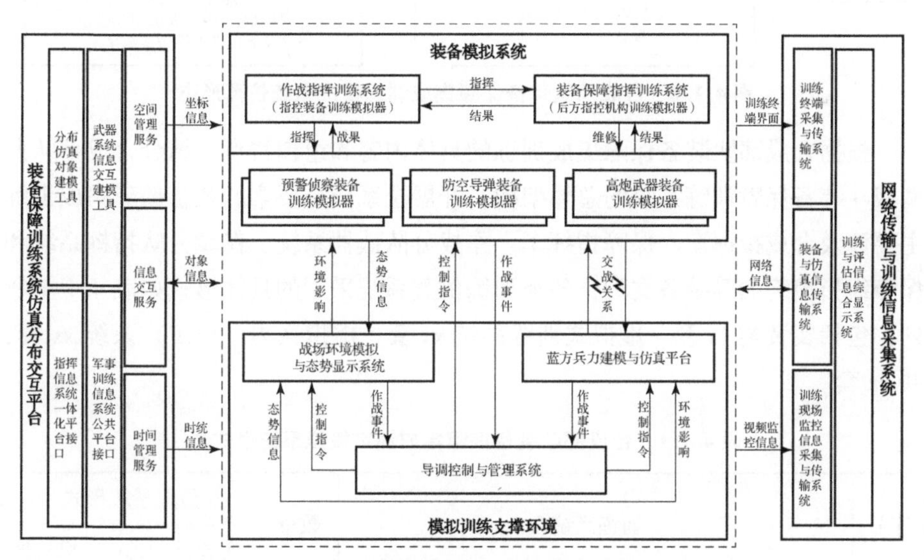

图 4.1.1　合成部队装备保障集成训练模拟系统总体架构

2. 单装模拟系统构成与系统形态

针对合成部队装备保障集成训练系统，拟采用虚实混合的策略，在资源形态上采用实况仿真、虚拟仿真和构造仿真三种类型，从而形成基于 JLVC 的合成部队装备保障集成训练模拟系统。其中，实况仿真类系统，可以采用实装嵌入式训练系统，本章拟将指挥信息系统的实装指挥控制软件接入装备保障集成训练系统之中；虚拟仿真类系统，主要是指开展保障分队专业协同训练、战术训练以及在此基础上开展连贯专项综合演练的各类模拟器；构造仿真类系统，主要是指合成部队各类武器装备的虚拟兵力生成系统，以及开展装备保障计算、方案推演和效能评估的各类训练仿真系统，主要是为指挥机构、保障分队开展集成训练提供各种决策信息和装备保障信息，如图 4. 1. 2 所示。

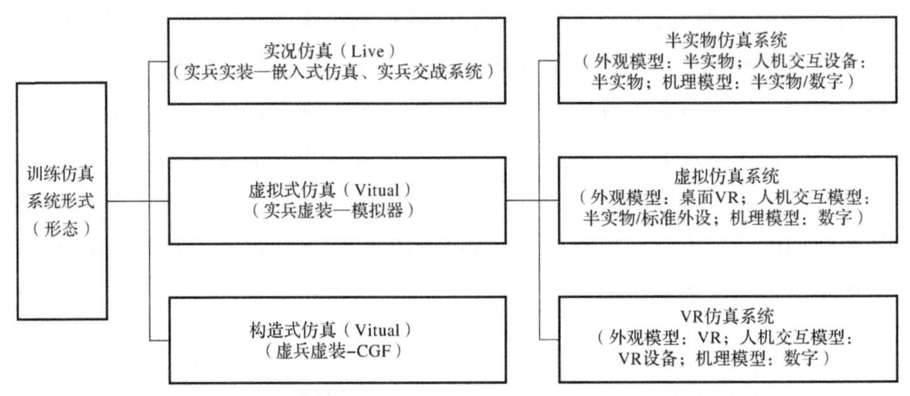

图 4. 1. 2　合成部队装备保障集成训练模拟系统仿真形态

根据合成部队装备保障集成训练的具体内容和组训特点，结合合成部队典型战斗装备保障训练系统的总体架构，开展全系统全要素的装备保障集成训练主要涉及合成指挥车、保障指挥车、作战分队武器系统、保障分队指挥系统和保障组指控终端等装备类型，各类训练仿真系统采用的具体形式如表 4. 1. 1 所列，包括实装类 xx 套、虚拟式训练系统 xx 套、虚拟兵力（CGF）系统 xx 套，共 xx 套。

表 4. 1. 1　合成部队装备保障集成训练模拟系统形式表

序号	训练系统		数量	仿真系统形式		
				实装	CGF	模拟器
1	合成指挥	指挥机构通用指挥车（含指挥信息系统软件）	×	×		或 ×

续表

序号	训练系统		数量	仿真系统形式		
				实装	CGF	模拟器
2	保障指挥	计划协调组轻型指挥车（含指挥信息系统软件）	×	×		或 ×
3		弹药补给组、装备维修组轻型指挥车（含指挥信息系统软件）	×	×		或 ×
4	作战分队武器装备	轮式步兵战车	×		×	
5		轮式装甲突击车	×		×	
6		……	×		×	
7		自行迫榴炮装备	×		×	
8		自行榴弹炮装备	×		×	
9		……	×		×	
10		地空导弹装备	×		×	
11		自行高炮装备	×		×	
12		……				
13	供应补给分队	基本保障群供应补给组	×			×
14		左翼保障队供应补给组	×			×
15		……				
16	抢救抢修分队	基本保障群抢救抢修组	×			×
17		左翼保障队抢救抢修组	×			×
18		……				

基于以上合成部队装备保障集成训练武器系统的构成和系统形态的确定，我们可以对集成训练模拟系统的功能进行设计，主要包括以下两个方面。

一是依据训练大纲关键内容，针对主要装备和关键人员进行训练。依据训练大纲中规定的课目设置和训练内容，主要按照“网系通联训练、专项功能分练、连贯综合演练”的逻辑思路，开展装备保障要素的专项演练，其中武器装备主要包括：①装甲装备，如轮式装甲突击车、轮式步兵战车等；②炮兵装备，如 xx 毫米自行迫榴炮、xx 毫米自行榴弹炮等；③防空装备，如某导弹系统、双 35 自行高炮系统等。关键人员包括：①指挥人员，开展指挥筹划和保障分队组织计划模拟训练；②供应保障人员，开展弹药器材供应补给模拟训练；③维修保障人员，进行装备维修保障模拟训练。

二是按照典型作战任务背景，开展全系统全要素成体系集成训练。针对合成部队装备多、兵种专业多的特点，研究支持装备保障全系统多要素成体系集成训练。支持武器装备“单装—系统—体系”的模拟能力，支持“侦、控、打、评、保”全流程单要素集成和多要素的集成训练。

4.1.2 装备保障集成训练模拟系统体系结构与组训模式

基于 JLVC 的合成部队装备保障集成训练模拟系统，将分布在训练场不同地域中的实装指挥信息系统（保障指挥系统）、虚拟仿真系统（保障指挥训练模拟器、保障组模拟器）、构造仿真系统（武器装备 CGF、保障组 CGF）等联合起来，构成一个“物理上分布、逻辑上统一、时空上一致”的训练仿真系统，构建“装备保障指挥——装备保障分队——维修保障实施”的一体化集成训练体系，并可扩展应用于其他作战要素的集成训练。

本节通过分析借鉴现有的支持 JLVC 分布式仿真技术（HLA、TENA、DDS 等），以及异构训练仿真平台集成方法[59]，并从合成部队装备保障系统组成体系结构、业务运行模式和运行流程、实装软硬件系统、模拟作业环境、保障信息交互等多个方面，研究提出一种通用的基于 JLVC 的装备保障集成训练模拟系统集成方法，系统集成框架和体系结构层次如图 4.1.3 所示。

1. 训练资源层

资源层提供合成部队装备保障指挥和保障分队集成训练模拟系统使用的各类资源，包括指挥信息系统实装设备、各类装备保障训练模拟器、环境与三维实体模型等。

指挥信息系统实装设备包括新型装备保障指挥车、分队携行式指挥系统、保障单元指控终端等硬件设备，以及指挥信息系统实装软件的保障指挥作业系统、保障分队作业系统以及保障单元指控终端软件系统，其功能是支撑装备保障集成训练的态势感知、保障筹划和保障行动控制等功能。

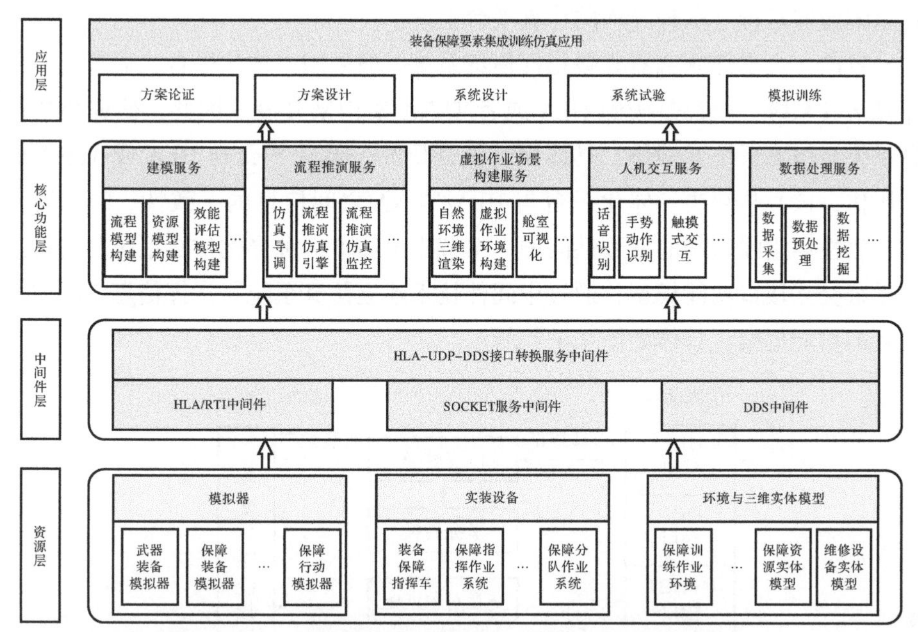

图 4.1.3　合成部队装备保障集成训练模拟系统体系结构

训练模拟器包括武器装备模拟器和装备保障指挥机构和保障分队集成训练模拟器，以及其他形式的保障设备、虚拟维修等数字模拟器等训练资源，主要完成对武器装备和保障分队训练内容的模拟，承载指挥决策、供应补给、抢救抢修等训练内容；

环境与三维实体模型中的训练环境模型主要包括气象水文及导航模型、作业环境模型等，可以以此构建战场环境模拟与态势显示系统，为训练提供战场环境信息、对抗条件保障，以及训练的导调、裁决和评估等；三维实体模型主要包括各种维修设备三维实体模型、保障资源三维实体模型等。

2. 中间件层

中间件层支撑各类异构训练仿真模型和工具的协同交互。装备保障指挥和保障分队集成训练模拟系统涉及多种异构模型和系统：一方面指协议异构，如基于 HLA 的训练仿真系统、基于 DDS 的实装系统；另一方面主要指不同类型、不同版本、不同商家或不同技术的运行平台。本节考虑先采用 HLA/RTI 中间件、SOCKET 服务中间件、DDS 中间件分别实现各子系统的互连互通；在此基础上，主要通过接口适配的方式，建立数据映射模板来实现异构协议的数据交换，将仿真平台的实现技术与具体的应用系统相隔离，使得不同的训练仿真系统能够运行于多种异构的仿真平台上。

目前，合成部队武器装备指挥信息系统一般采用一体化平台，而各类装备保障仿真系统一般都是按照 HLA 或者 TENA 架构来开发。因此，研究指挥信息系统与仿真系统互操作，具体而言就是研究一体化平台与 HLA 或 TENA 的互操作，核心是解决一体化平台与 HLA/TENA 之间信息的一致性、时间管理的一致性和空间管理的一致性问题。本节提出如下一种异构仿真系统与指挥信息系统交互接口功能模型，通过中间件技术建立仿真系统与指挥信息系统实现交互的功能框架，具体如图 4.1.4 所示。

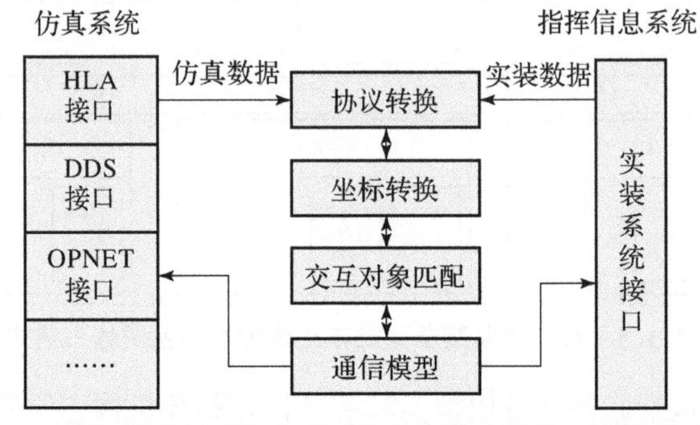

图 4.1.4　装备保障指挥信息系统与异构仿真系统交互接口功能模型

3. 核心功能层

该部分是基于 JLVC 架构的异构模拟训练系统构建和集成框架的核心，主要提供建模服务、流程推演仿真服务、高沉浸感虚拟作业场景构建服务、基于 VR/AR 的人机交互服务、数据处理服务等。从实现以上核心功能的训练软件支撑角度来看，主要包括基础数据管理子系统、训练课目管理子系统、联动子系统、导调子系统、虚拟兵力子系统、态势显示子系统、考核评估子系统，分别实现装备保障集成训练基础数据建模、训练课目构建与业务流程建模、训练导调控制、人机虚拟交互环境构建、训练效果评估模型构建等功能，核心功能层的软件支撑子系统具体如图 4.1.5 所示。

4. 仿真应用层

基于此训练仿真系统集成框架，可以结合不同层级、面向不同作战任务的装备保障集成训练需求，构建相应的模拟训练应用系统，如装备保障指挥和保障分队集成训练系统设计、装备保障集成训练系统流程推演和模拟训练等仿真应用系统。

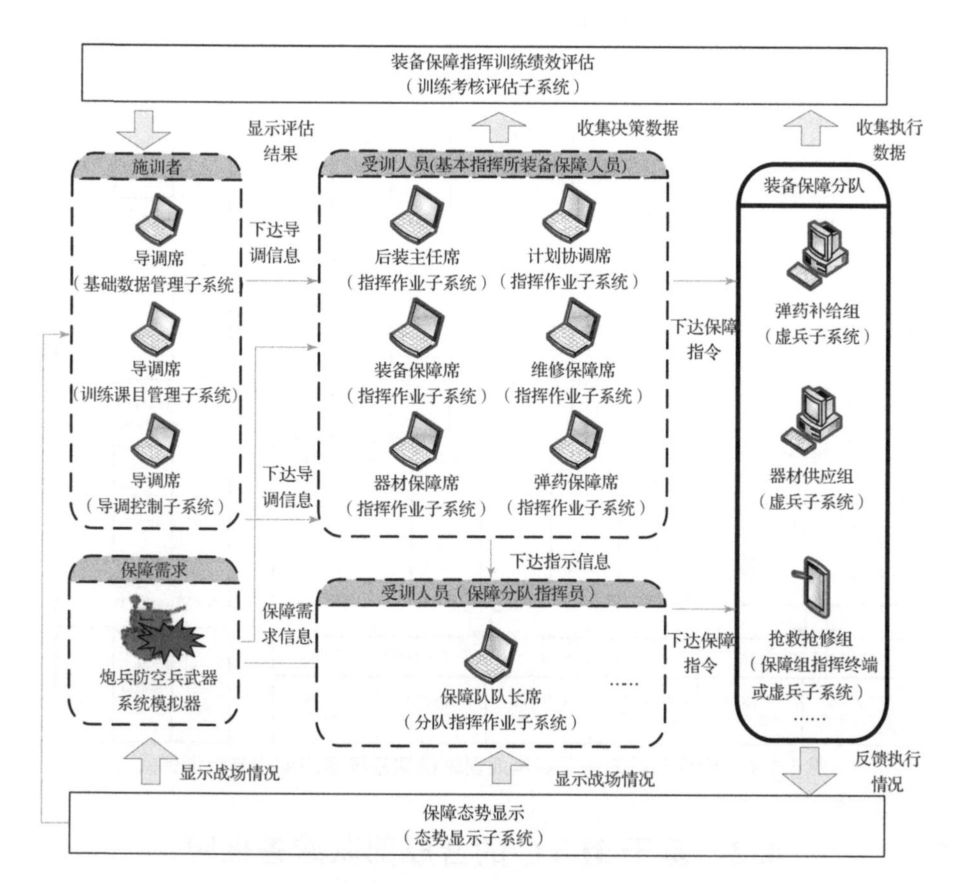

图4.1.5　合成部队装备保障集成训练模拟系统核心功能层支撑软件系统

与传统的训练仿真系统构建平台相比，这种基于JLVC的异构模拟训练系统集成方法面向装备保障应用领域提供了一个通用的仿真系统集成框架，支持针对具体应用需求实现模块化、组件化的仿真模型快速重用和组合，从而实现仿真系统的灵活定制和动态构建。在前面开展装备保障系统集成训练内容、系统总体架构以及集成框架分析的基础上，从保障指挥机构编成及席位设置、保障群队编组及力量配备等方面，针对合成部队装备保障集成训练模拟系统开展组织架构设计，在此基础上从网系通联训练、专项功能分练、连贯综合演练三个方面，系统梳理合成部队装备保障集成训练模拟系统的组训模式，为后面系统运行模式和系统详细设计奠定坚实基础（图4.1.6）。

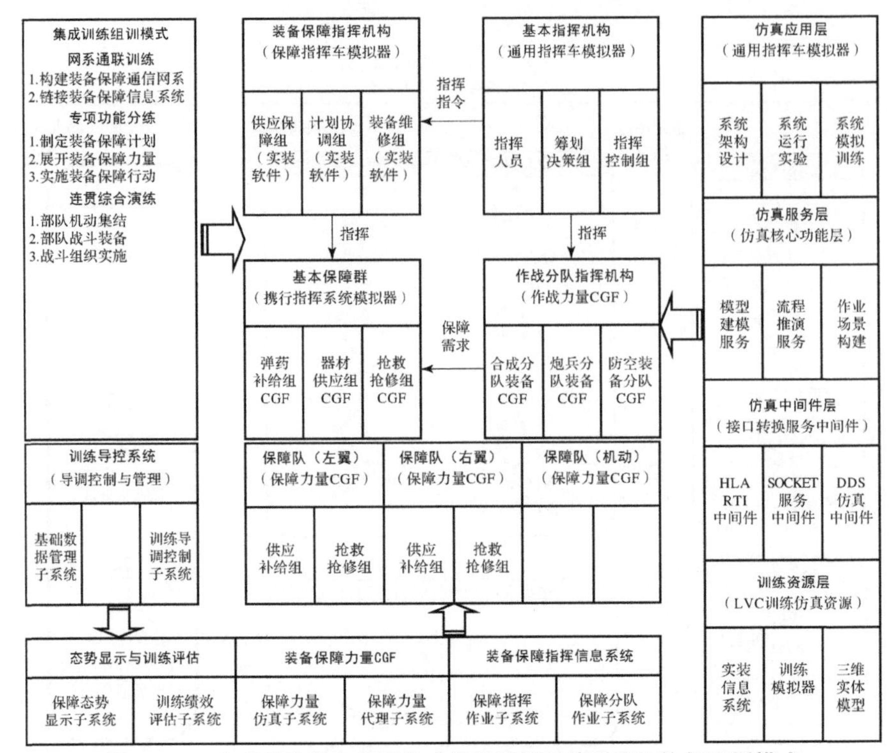

图 4.1.6　合成部队装备保障集成训练模拟系统组织架构与组训模式

4.2　基于 JLVC 的合成部队装备保障集成训练模拟系统详细设计

以前文所述开展集成训练模拟系统的组织架构与组训模式设计、系统形态与运行模式设计、体系结构与支撑技术分析的成果为基础，按照 JLVC 训练仿真系统架构，遵循作战编组和保障力量编成、装备编配实际，对合成部队装备保障集成训练模拟系统进行详细设计建模，从体系结构维度界定合成部队装备保障集成训练模拟系统的构成，细化各层级的具体内容，界定各层级的关键支撑技术。

4.2.1　合成部队模拟系统构成与仿真节点分析

通过对合成部队武器装备具体编配和装备保障集成训练模拟系统形态的详细分析，基于典型背景的装备保障集成训练模拟系统的训练编组、仿真分系统组成、仿真节点设置及仿真形态如表 4.2.1 所列。

表 4.2.1　合成部队装备保障集成训练模拟系统构成及仿真节点设置

序号	仿真分系统	仿真节点(模拟器/训练仿真系统)					训练编组	备注
		名称	数量	仿真实体				
				名称	数量	仿真形式		
1	指挥机构模拟分系统	轮式装甲通用指挥车指挥信息系统	×	轮式装甲指挥车	×	实装软件	合成指挥	内部基于一体化平台互联
		……						
		轮式装甲保障指挥车模拟器	×	轮式装甲指挥车	×	半实物模拟器	保障指挥	
2	分队指挥机构模拟分系统	分队级轻型指挥车 MR 训练仿真系统	×	分队级轻型通用指挥车	×	MR + 实装软件		内部基于一体化平台互联
		……						
		轮式装甲分队指挥车模拟器	1	分队指挥车	×	半实物模拟器	保障指挥	
3	突击队模拟分系统 / 突击分队模拟分系统	××轮式步战车虚拟训练仿真系统	1	××轮式步战车	×	虚拟仿真	分队指挥	内部基于 HLA/RTI 实现互联
		××装甲突击车虚拟训练仿真系统	1	××装甲突击车	×	虚拟仿真	突击分队	
		×× 轮式步兵战车训练 VR 仿真系统	1	××轮式步兵战车	×	VR		
		××分队虚拟兵力仿真系统	1	××轮式步兵战车	×	CGF	装步分队	
	××分系统	××虚拟兵力仿真系统	1	……	×	CGF		

续表

序号	仿真分系统	仿真节点(模拟器/训练仿真系统)					训练编组	备注
		名称	数量	仿真实体				
				名称	数量	仿真形式		
4	装备抢修模拟分系统	装备维修分队训练模拟系统	1	携行式指挥系统	1	实装软件	加强维修力量,由指挥机构进行指挥	地炮 高炮 导弹 ……
				火炮装备维修分队	×	半实物模拟器		
				……				
5	火炮支援模拟分系统	榴弹炮分队虚拟兵力仿真系统	1	分队指挥车	×	实装软件		内部基于 HLA/RTI 互联
				……				
		自行榴弹炮模拟器	1	××式自行榴弹炮	×	半实物模拟器		
6	反坦支援模拟分系统	××反坦克导弹连虚拟兵力仿真系统	1	分队指挥车	×	CGF		
				××反坦克导弹	×	CGF		
		××反坦克导弹训练模拟器	1	××反坦克导弹	×	半实物模拟器		

续表

序号	仿真分系统	仿真节点（模拟器/训练仿真系统）					训练编组	备注
		名称	数量	仿真实体				
				名称	数量	仿真形式		
7	防空支援模拟分系统	××导弹武器系统虚拟兵力仿真系统	1	分队指挥车	×	CGF		
				××战车	×	CGF		
		××指挥车模拟器	1	××指挥车	×	半实物模拟器		
		……						
8	……	……						

基于 JLVC 仿真系统体系架构和前面分析构建的合成部队装备保障集成训练模拟系统总体架构，以分布式仿真系统常用的 HLA/RTI 为总线，可以实现以上不同类型武器装备节点和训练仿真系统的互联互通。

在进行合成部队各类模拟系统互联设计时，主要开展了以下两方面的技术内容研究，一是针对合成部队武器装备和保障分队建立各自的分布对象模型 FOM/SOM；二是设计相应的分布交互接口，其中针对指挥信息系统装备类训练仿真系统，设计异构信息交换网关，实现 HLA 与一体化平台的互操作，其他训练仿真系统则设计标准 HLA 分布交互模块即可，最终可构建形成合成部队典型战斗过程集成训练模拟系统仿真系统。

4.2.2　合成部队典型背景装备保障集成训练信息流分析

结合前面的武器系统构成和仿真系统分析，合成部队装备保障集成训练模拟系统典型作战过程各分系统之间及内部信息流如图 4.2.1 所示。

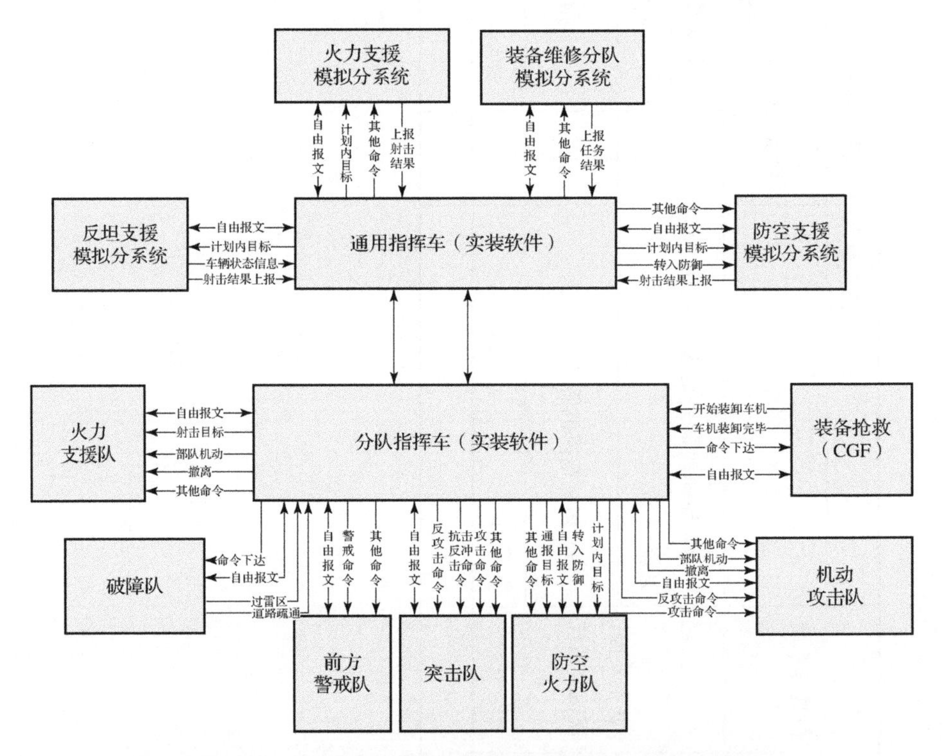

图 4.2.1　合成部队装备保障集成训练模拟系统信息流图

合成部队集成训练模拟系统的指挥机构与下属各类节点之间的信息流转关系、信息名称及信息类型如表 4.2.2 所列。

表 4.2.2　合成部队装备保障集成训练模拟系统信息流转关系表

序号	发送节点	接收节点	信息名称	信息类型
1	通用指挥车	分队指挥车	开进展开	命令下达
2			……	……
3			自由报文	状态信息
4	分队指挥车	通用指挥车	完成任务情况	状态信息
5			……	……
6			自由报文	状态信息
7	通用指挥车	火力支援模拟分系统	计划内目标	
8			……	……
9			自由报文	
10	火力支援模拟分系统	通用指挥车	上报射击结果	
11			……	……
12			自由报文	
13	通用指挥车	反坦支援模拟分系统	计划内射击目标	命令下达
14			……	……
15			自由报文	状态信息
16	反坦支援模拟分系统	通用指挥车	射击结果上报	状态信息
17			……	……
18			自由报文	状态信息
19	通用指挥车	防空支援模拟分系统	计划内目标	
20			……	……
21			自由报文	状态信息

续表

序号	发送节点	接收节点	信息名称	信息类型
22	防空支援模拟分系统	通用指挥车	射击结果上报	状态信息
23			自由报文	状态信息
24	通用指挥车	装备维修分队模拟分系统	后装命令	状态信息
25			……	……
26			自由报文	状态信息
27	装备维修分队模拟分系统	通用指挥车	任务上报	状态信息
28			……	……
29			自由报文	状态信息

合成部队集成训练模拟系统的弹药保障与装备抢修模拟分系统的信息流转关系、信息名称及信息类型分别如图 4.2.2、图 4.2.3 所示。

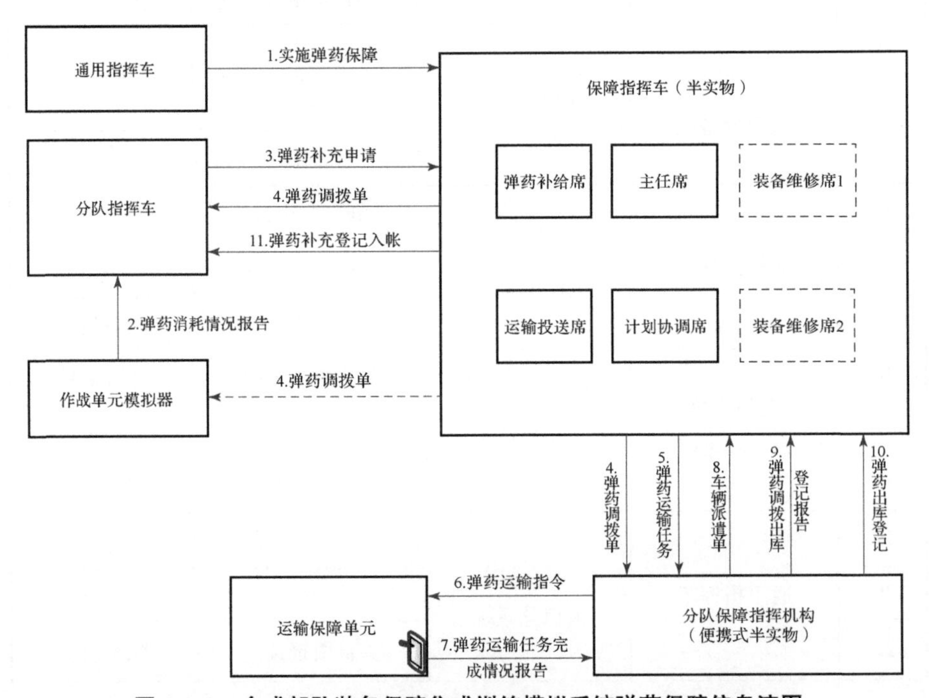

图 4.2.2 合成部队装备保障集成训练模拟系统弹药保障信息流图

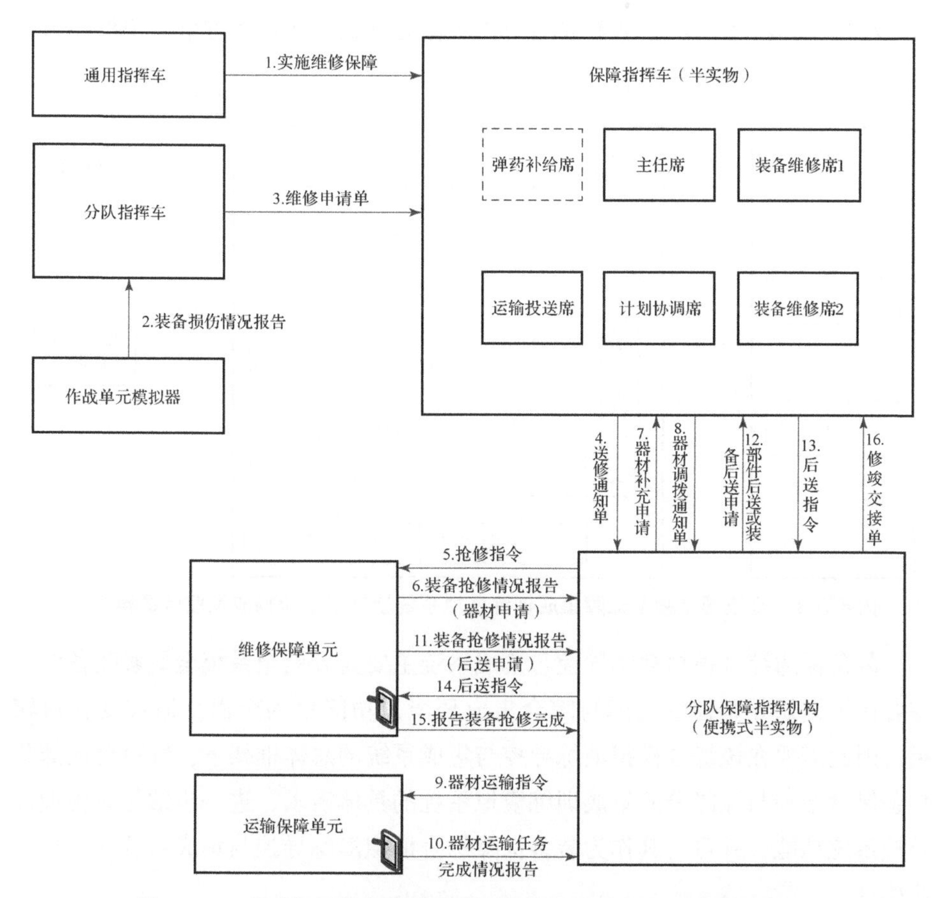

图 4.2.3　合成部队装备保障集成训练模拟系统装备抢修信息流图

4.3　合成部队装备保障集成训练模拟系统软件功能设计

如前所述，合成部队装备保障集成训练模拟系统的软件组成分为训练导控系统、保障指挥作业系统、保障分队作业系统和保障组指控系统四大部分。如图 4.3.1 所示，装备保障集成训练模拟系统从业务节点角度看，包括施训者、受训者、保障行动分队、保障需求生成、保障态势显示、训练绩效评估等主要环节；从训练软件使用角度看，包括训练导控系统（基础数据管理子系统、训练课目管理子系统、联动子系统、导调子系统、虚拟兵力子系统、态势显示子系统、考核评估子系统）、装备保障指挥和保障分队作业子系统、保障单元指控终端子系统等。由于装备保障指挥和保障分队作业系统直接采用指挥信息系统软件，在此不再赘述。

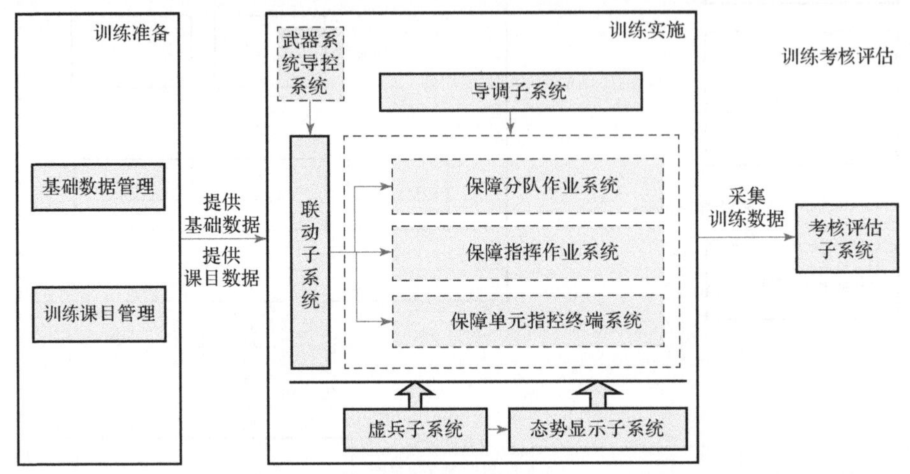

图 4.3.1　合成部队装备保障集成训练模拟系统软件子系统构成及业务逻辑关系

装备保障综合模拟演练导控与集成系统主要为开展全系统全要素装备保障综合演练提供导调控制功能与综合集成环境，功能更为全面，但粒度相对较粗，因此需要在该综合模拟演练导控与集成系统的总体框架下，针对合成部队装备保障指挥与保障分队集成训练模拟系统的具体需求，进一步细化完善训练导控系统功能，并可将其作为装备保障综合模拟演练导控与集成系统的一个专业构件。

训练导控系统的主要功能是根据合成部队装备保障指挥与保障分队训练课目和训练背景条件，实施训练流程控制、训练过程状态监控显示、训练考核评估和相关训练虚拟兵力模型的启动；生成导控指令，实现导调人员对受训对象和保障分队行动的控制与干预，使装备保障训练过程能依据施训人员的训练意图有序推进，保证训练目标的实现。根据合成部队装备保障指挥与保障分队模拟训练的具体需求和运行流程，训练导控系统主要由基础数据管理子系统、训练科目管理子系统、联动子系统、导调子系统、虚兵子系统、态势显示子系统和考核评估子系统构成。

训练过程分为训练准备、训练实施和训练考核评估三个阶段。在训练准备阶段，需要使用导控系统中的基础数据管理子系统对支撑训练所需要的基础数据进行管理；依据军事训练课目生成与管理训练课目数据，完成基本保障指挥体系的建立，初始兵力的分配，编组和部署等工作。在训练实施阶段，联动子系统可以提供联动训练、独立训练两种模式的训练支撑，在联动训练模式下受武器系统导控系统控制，接收其发送的导控数据，并驱动装备保障训练模拟系统运行；在独立训练模式下，利用虚兵子系统模拟武器系统导控系统的功能，共同驱动装备保障训练模拟系统运行；导调子系统在训练过程中下达导调指令，干预训练过程；态势显示子系统为系统的运行提供二维态势显示。在训练考核评估阶段，考核评估子系统通过对训练过程进行数据采集，对训练效果进行考核评估。

4.3.1　基础数据管理子系统

1. 主要功能

基础数据管理子系统是整个装备保障训练模拟系统的基础，为整个装备保障集成训练模拟系统提供相关武器装备、部队编制、标准规范、指标空间等所需的基础数据，为系统提供数据库支持，为各子系统间的数据交换提供媒介。

基础数据管理子系统分为部队编制数据管理、模型字典数据管理、作业字典数据管理和参训人员信息管理四部分。它的主要任务是将采集到的各种基础数据通过界面输入，保存到数据库中进行统一管理。详细功能组成如图 4. 3. 2 所示。

基础数据管理系统主要包括部队编制数据、模型字典数据、作业字典数据等。

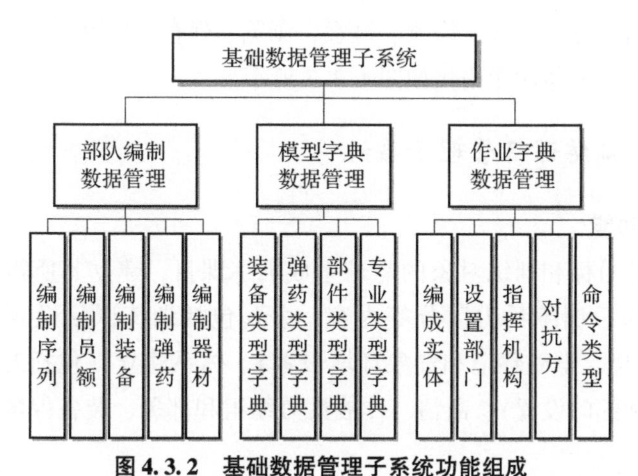

图 4. 3. 2　基础数据管理子系统功能组成

部队编制：部队编制主要从编制序列、编制员额、编制装备、编制弹药、编制器材等角度描述。

模型字典：模型字典管理的内容是最基础的数据，是模型运行最根本的数据支撑，主要由装备类型字典、弹药类型字典、部件类型字典、专业类型字典等组成。

作业字典：作业字典主要是对系统人在环的训练仿真所用到的各种编成实体、设置部门、指挥机构，及参与的对抗方和发送的命令等进行管理。

2. 实现方案

对于编制序列，用树结构来描述。构建树结构的依据因素，为编制序列中的级别（上下级）关系。对于编制树的实现，做以下规定：

编制序列中的上下级关系实现方法。在程序实现中，用树中节点和父节点的从属关系体现；在数据库中通过本级编码和上级编码来体现，数据库中编制序列也是一棵树。构建编制序列的过程中严格遵循上下级关系，注意数据库中的编制树和程序中的编制树的对应关系。在编制树的叶节点上挂靠人员和装备，其他节点一律不挂靠人员和装备（因此节点从业务上分为挂人员装备节点和不挂人员装备节点两种类型，对应树中的术语是叶节点和非叶节点）。编制树中父节点（不挂人员装备的节点）的人员和装备类型和数量的体现，通过其子节点的人员和装备的类型及数量之和来体现。

装备数据、部件（器材）数据、作业字典数据实现过程类似。基础数据管理子系统的用户为数据管理员，对编制数据、模型字典数据、作业字典数据和参训人员信息进行录入、修改、检索、浏览、保存、删除、导入和导出等管理和维护工作。具体功能用例如图 4. 3. 3 所示。

4. 3. 2　训练课目管理子系统

1. 主要功能

根据训练目标和训练对象的需求生成训练课目，建立其所需求的战场环境、指挥体系、训练兵力区分等内容；主要包括训练课目设置、战场环境（包括地理环境、电磁环境和气象环境设置）、体系建立（包括对抗方、指挥机构、席位和部门设置）、敌情、作战兵力编组和部署、装备保障训练保障兵力等。

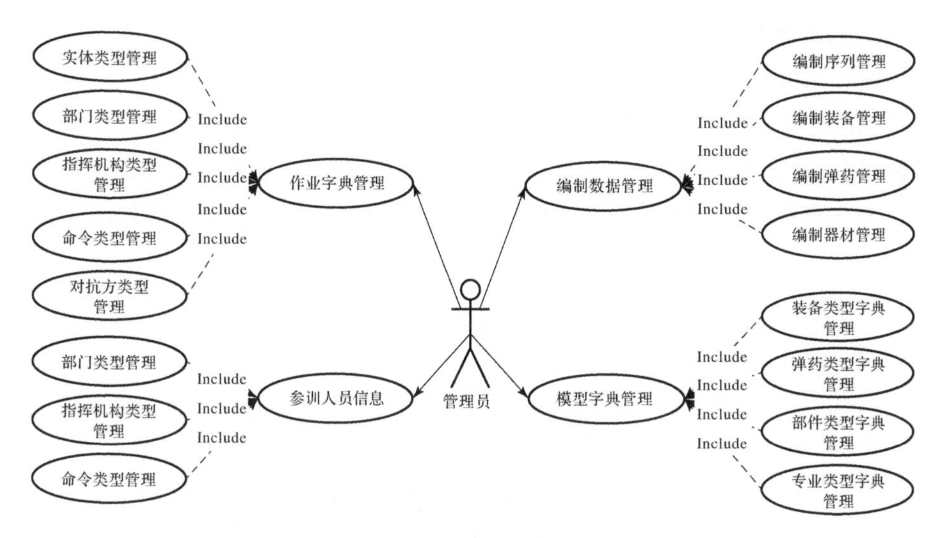

图 4.3.3　基础数据管理子系统功能用例图

以训练课目文档为索引，管理训练课目的各分项内容，各分项内容则在训练课目文档的管理下根据其自身模型建立实例，一个训练课目文档代表一个训练课目，如图 4.3.4 所示。

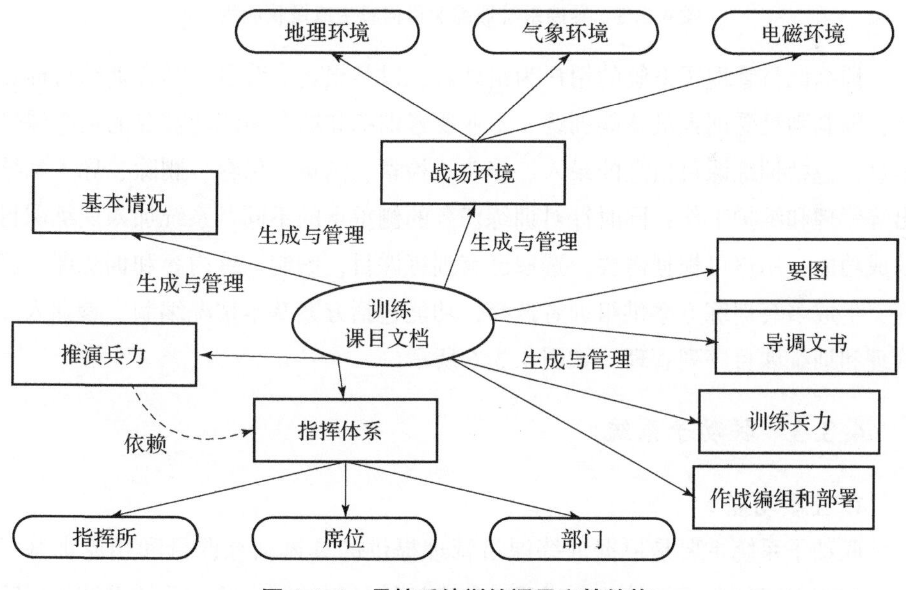

图 4.3.4　导控系统训练课目文档结构

2. 实现方案

训练课目管理分为课目基础信息建立和课目信息生成两部分内容。训练课目基础信息建立：(1) 根据需要建立基础训练课目文档，设置训练课目的基本情况；(2) 根据课目设置战场环境；(3) 根据训练课目设置指挥体系；(4) 根据训练课目设置对抗方的初始兵力。课目信息生成逻辑流程如图 4. 3. 5 所示。

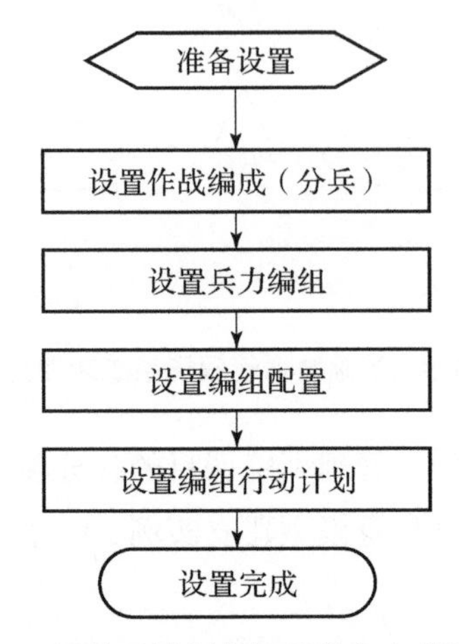

图 4. 3. 5　导控系统训练课目信息生成逻辑流程

训练课目管理子系统的用户为组训者，以某想定为背景，结合训练目标要求，编制满足受训人员技能训练、专业要素训练和综合演练所需要的训练课目信息，包括训练课目信息的录入、修改、检索、浏览、保存、删除、导入和导出等管理和维护工作；同时针对训练任务的侧重点的不同，系统加入训练课目编成功能，用户可根据需要，选取已有训练课目，编制训练内容和训练课目流程，生成多套训练方案供组训者选择，功能包括方案基本情况编制、参训人员管理和训练课目序列管理，如图 4. 3. 6 所示。

4. 3. 3　联动子系统

1. 主要功能

联动子系统主要是根据训练课目管理提供的具体训练课目和相应训练背景，控制保障作业系统的业务进程，负责训练过程控制、接收武器系统的保障需求报告。联动子系统主要包括系统协同处理、训练课目设置、席位和仿真部

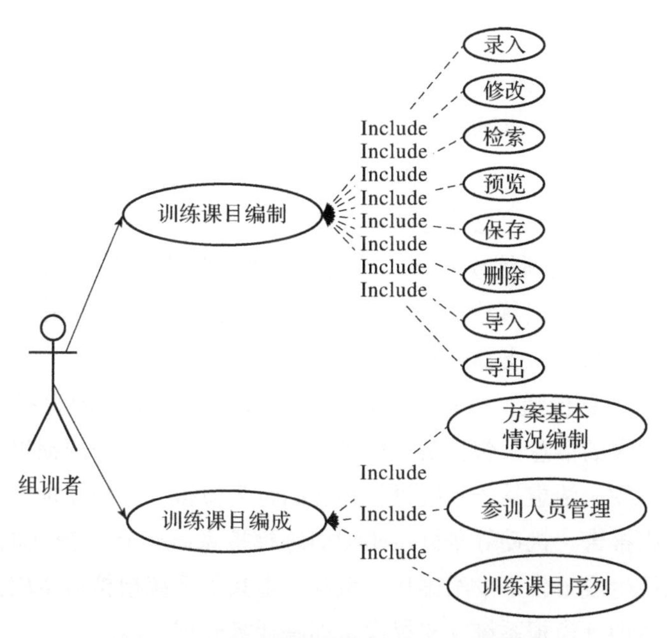

图 4.3.6　训练课目管理子系统功能用例图

署、训练过程状态控制等模块，其系统构成与保障单元指控终端系统、虚兵子系统的关系如图 4.3.7 所示。

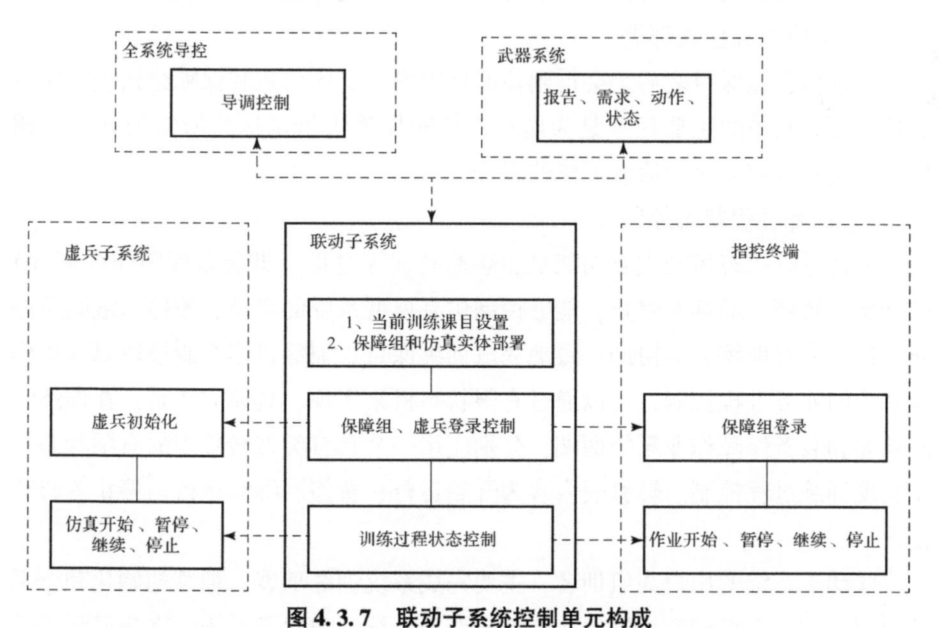

图 4.3.7　联动子系统控制单元构成

2. 实现方案

1）全系统协同处理

全系统协同处理在联动模式下负责与全系统导控和武器系统交互获取导控和训练需求信息支撑，在独立训练模式下与虚兵交互，获取训练需求支撑，主要包括控制和训练需求信息传递两部分功能。

（1）控制：联动训练模式下，接收全系统导控发出的控制指令，接收训练课目信息，在独立训练模式下，由联动子系统自主发送控制指令，启动虚兵、态势显示等系统，支撑独立训练的开展。

（2）需求信息传递：联动训练模式下，接收大系统中的武器系统维修训练模拟器材发来的信息，包括装备保障分队机动指令、装备战损报告等，系统将数据解析后发送给虚兵子系统进行相应的行为模拟。在独立训练时，模拟战场环境、战损报告、机动等条件，驱动训练模拟系统运行。独立训练模式下，由导调子系统生成报告下发给虚兵子系统，虚兵子系统模拟后生成保障需求报告，再传递给训练模拟系统，支撑模拟训练业务开展。

2）训练课目设置模块

训练课目设置是在多个可选的训练课目中，选取一个本次训练活动的具体训练课目，为后续的装备保障作业与考核评估奠定基础。

3）保障组和仿真部署

在选择训练课目之后，会得到该课目中虚兵实体列表和保障组列表，席位和仿真部署模块的主要任务是为虚兵实体和保障组指定运行所需的计算机载体，实现系统初始化和后续工作的展开。

4）训练过程状态控制

训练过程状态控制主要功能是能够控制训练过程（即装备保障作业流程）的开始、暂停、继续及停止，能够控制仿真模型系统的启动、暂停、继续及停止，保证所有训练人员协调一致地完成训练课目。训练过程控制模块对保障作业系统的业务进程控制，可以通过有限状态机来实现。具体方法是：在训练管理单元和装备保障作业系统两端，分别应用一个具有类似转移表的有限状态机来实现训练过程控制。转移表内容为开始运行、暂停、继续运行与停止等转移情况。

联动子系统的用户为组训者，主要完成系统训练部署、训练初始化和全系统协同工作，为组训者提供的功能有导调子系统、虚兵子系统、态势显示子系统、考核评估子系统和保障单元的部署功能，训练开始前系统的自检、软件系统初始化和数据初始化准备功能，在训练过程中对训练进程的控制、训练需求信息处置、训练报告回执，以及全系统时间同步处理，如图 4. 3. 8 所示。

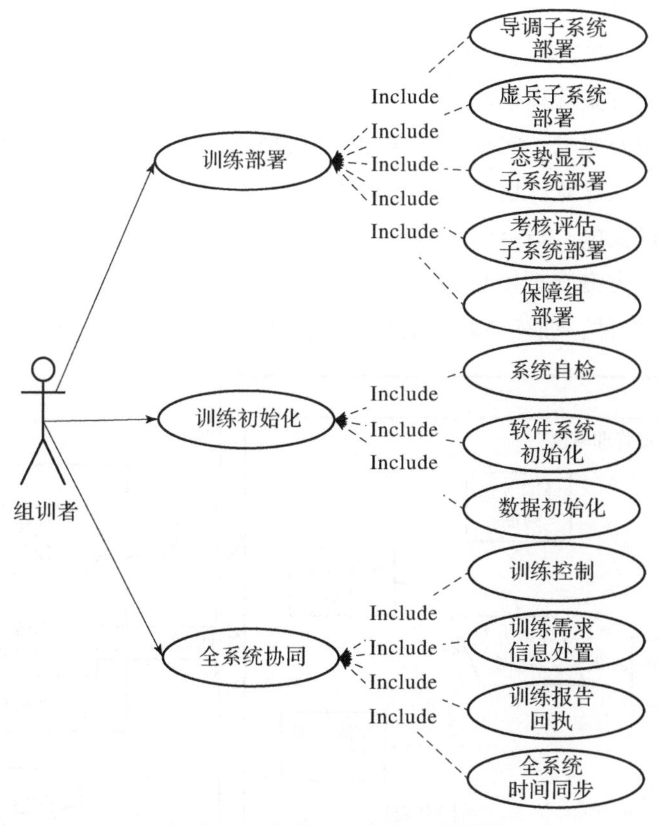

图 4. 3. 8　联动子系统功能用例图

4. 3. 4　导调子系统

1. 主要功能

导调子系统包括训练导调方案管理、训练导调和训练支撑环境导调等三个模块，主要辅助组训者制定导调计划和实施导调工作，确保训练的正常有序完成。导调子系统主要运用在模拟训练的组织准备阶段和实施阶段。在训练组织阶段，组训者利用训练导调计划方案管理模块制定训练导调计划，包括训练内容、参训人员、时间安排以及训练过程中导调人员的职责描述，是指导受训人员、仿真环境、导调人员共同完成一次训练任务的依据；在训练实施阶段，组训者使用训练导调模块，依据训练导调计划管理模块生成的训练导调计划，引导训练按照计划进行控制。

2. 实现方案

1）训练导调方案管理模块

训练导调方案管理模块，主要实现对训练导调方案的管理功能。根据训练课目的目标以及要求，实现训练导调计划的编辑，通过训练导调计划的生成，为导调控制提供导调计划文件，导调计划文件包含训练过程计划信息以及计划导调所涉及的文电、指令信息等。

训练导调方案管理模块包括导调方案拟制、导调方案显示、导调方案导入/导出三个构件，训练导调方案管理信息处理交互关系如图 4. 3. 9 所示。

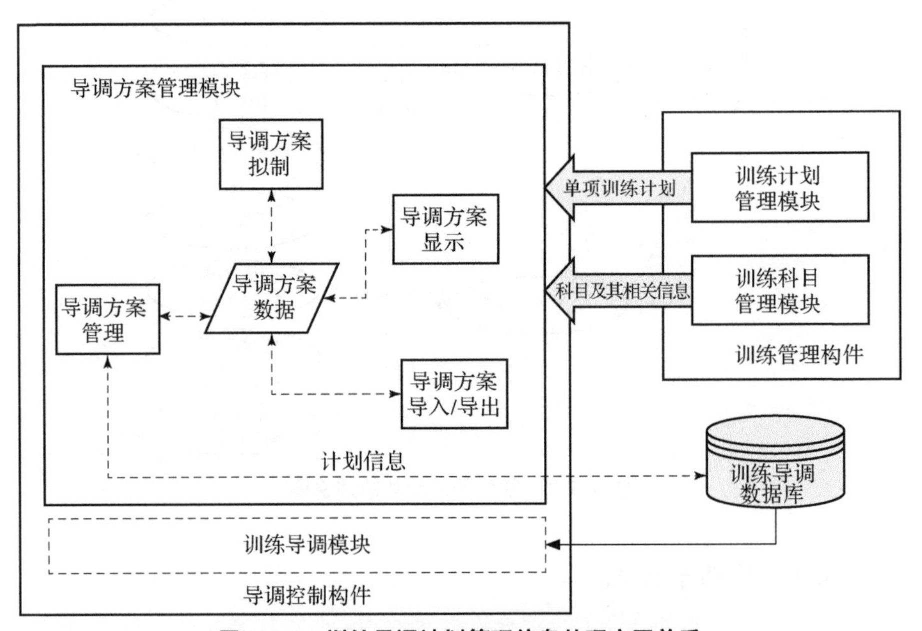

图 4. 3. 9　训练导调计划管理信息处理交互关系

2）训练导调模块

训练导调信息处理交互关系如图 4. 3. 10 所示。

导调子系统的用户为组训者，通过该系统完成多种训练导调方案的编制工作，以及在训练过程中下达编制完成的导调指令，对训练进行实时干预，如图 4. 3. 11 所示。

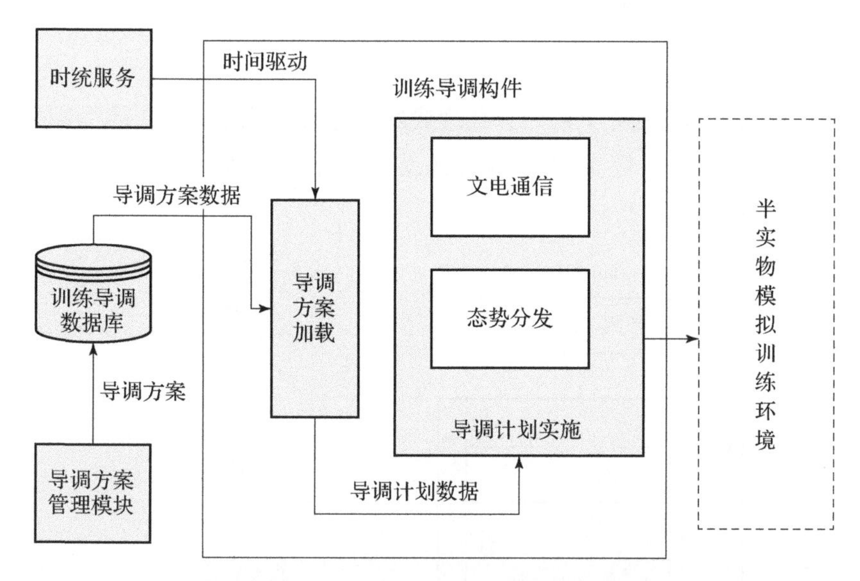

图 4.3.10　训练导调模块信息处理交互关系图

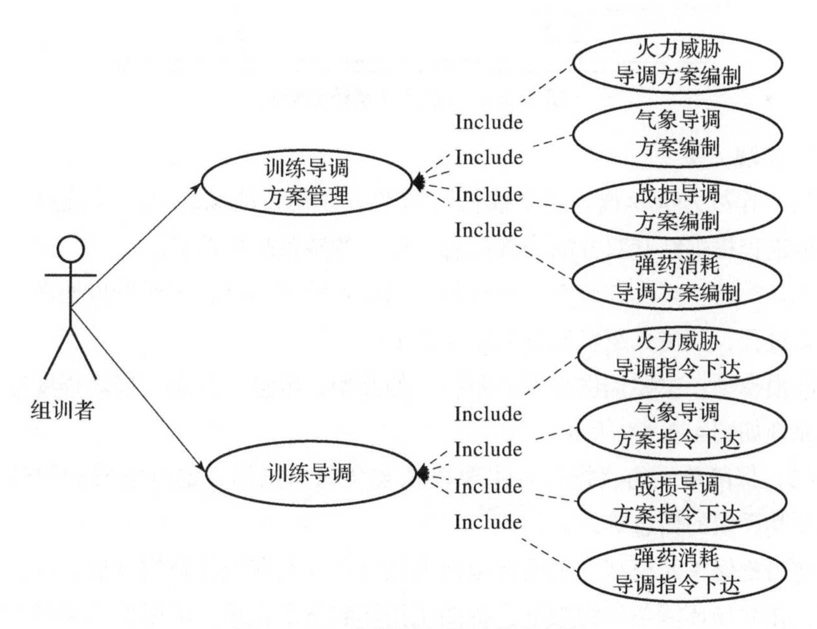

图 4.3.11　导调子系统功能用例图

4.3.5 虚兵子系统

1. 主要功能

虚兵子系统用于独立训练时，代理武器系统和实际的保障单元，主要是模拟保障单元、作战力量实体行动及其反馈的信息。虚兵子系统的功能如图 4. 3. 12 所示。

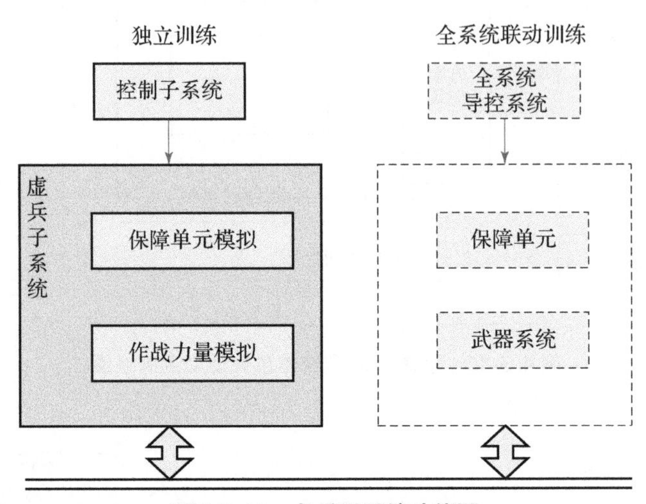

图 4. 3. 12 虚兵子系统功能图

2. 实现方案

(1) 作战力量模拟：主要模拟红蓝双方在模拟战场环境的对抗过程，根据作战进程提供红蓝双方的位置信息、红方的装备战损信息。

机动模型：解决红蓝双方对抗的空间位置转移问题，主要模拟地面部队兵力机动过程，其仿真逻辑流程如图 4. 3. 13 所示。

战损模型：主要提供红方装备损坏的类型、数量、分布、损坏程度等，其实现原理如图 4. 3. 14 所示。

(2) 保障单元仿真模拟：主要模拟装备前出抢修、定点抢修和弹药保障行动及其反馈的信息等。

前出抢修单元模型：主要模拟前出抢修单元在获取保障指令后，准备保障资源，在战场环境条件约束下，机动至损坏装备所在地，运用保障装备对损坏装备实施抢修的行动过程和效果，其流程如图 4. 3. 15 所示。

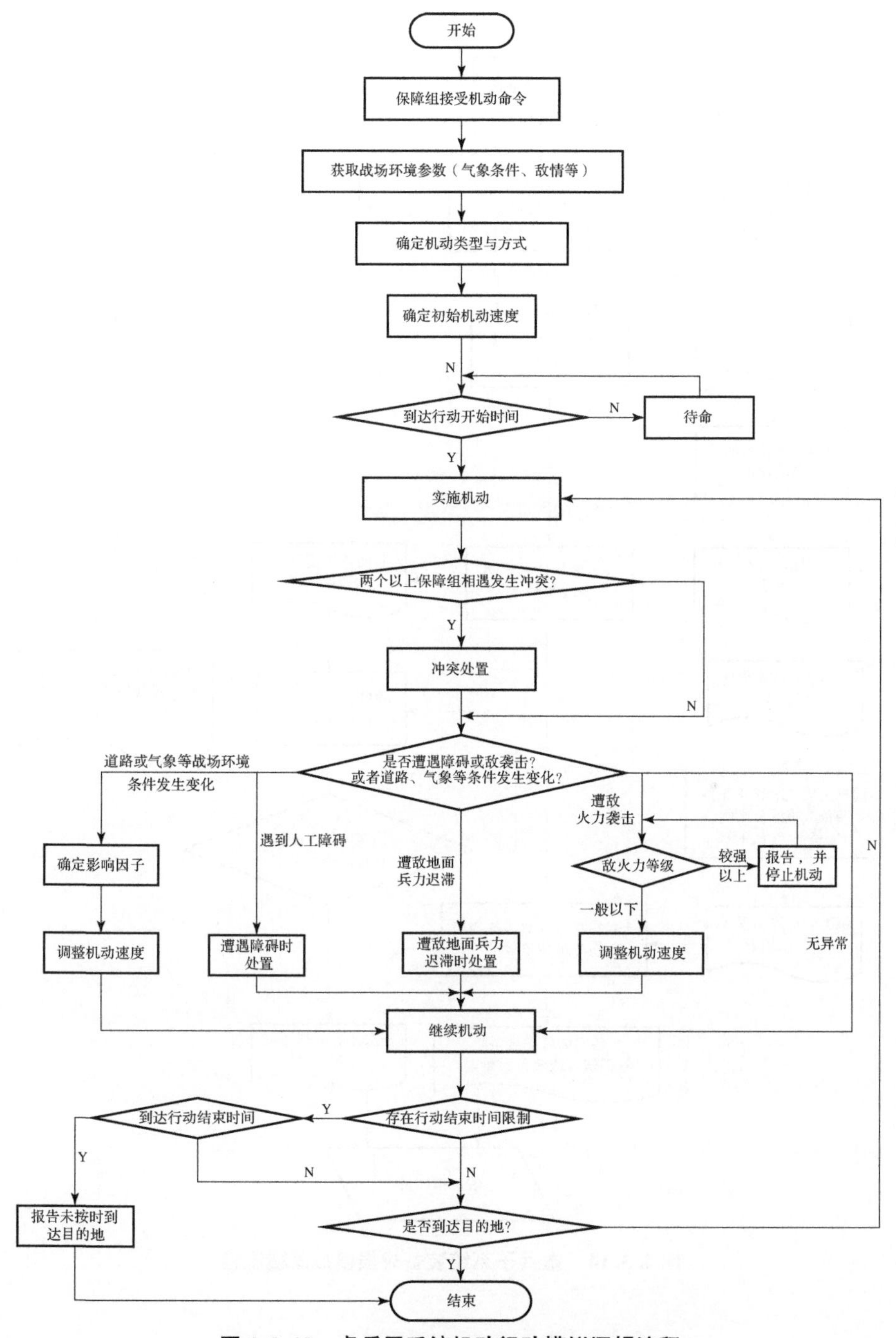

图 4.3.13　虚兵子系统机动行动模拟逻辑流程

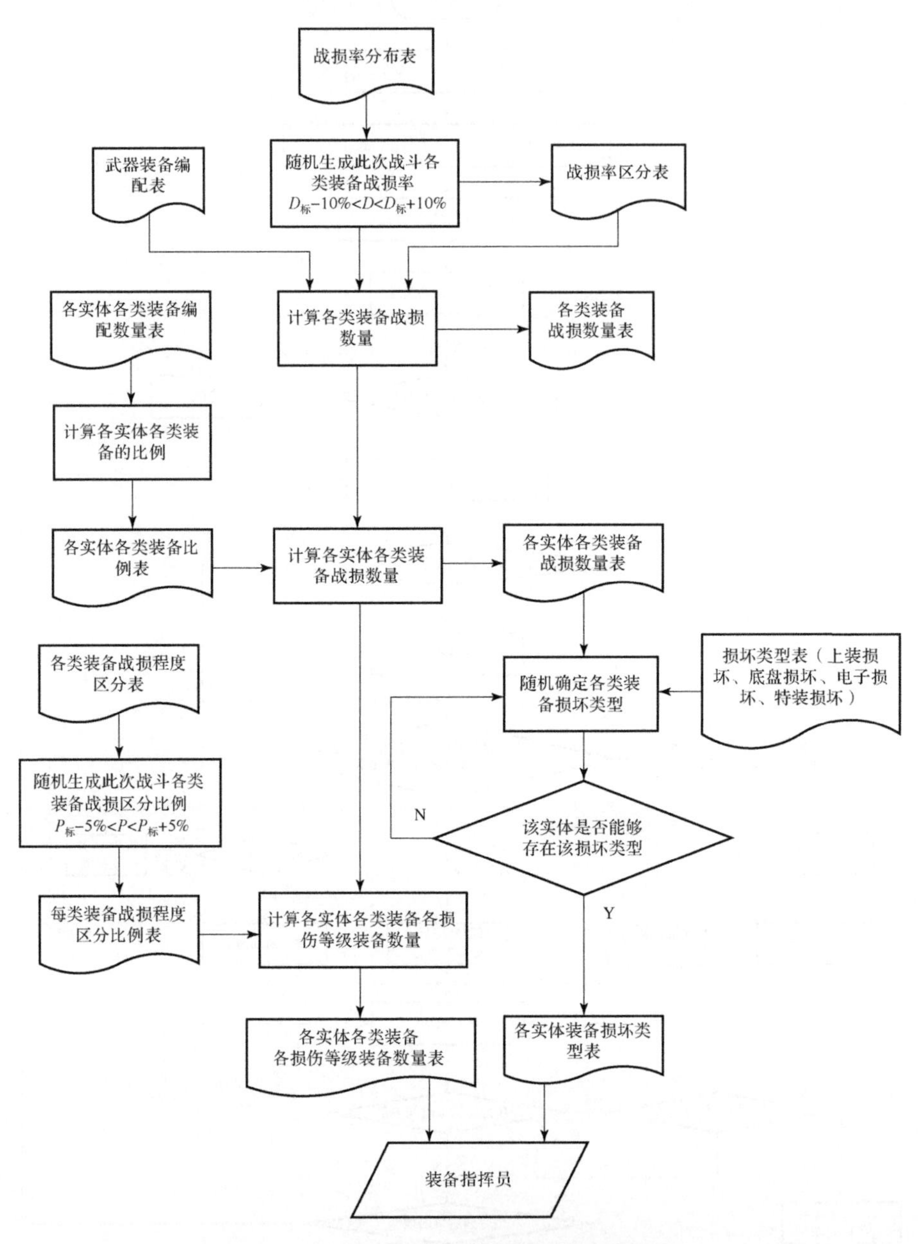

图 4.3.14　虚兵子系统装备战损模拟逻辑流程

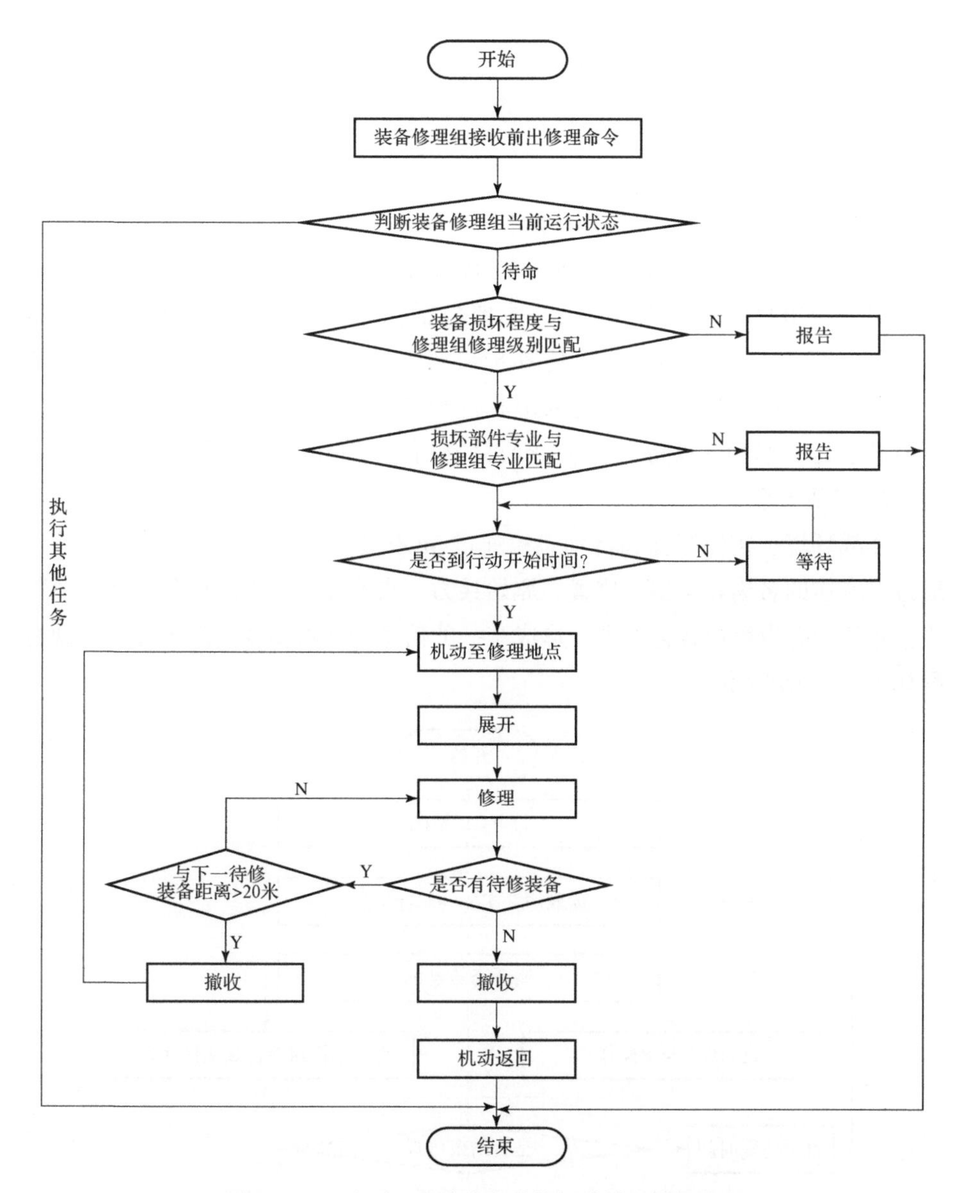

图 4. 3. 15　虚兵子系统前出抢修行动模拟逻辑流程

定点抢修单元模型：主要模拟定点抢修单元在获取保障指令后，在指定开设地点接收损坏装备，运用保障力量对损坏装备实施修理的行动过程和效果。

4.3.6 态势显示子系统

1. 主要功能

采集、处理各级仿真实体状态信息，统计、显示战果战损信息，辅助组训者和受训者及时准确掌握战场整体情况。该子系统主要显示作战环境、实体军标、实体信息、行动态势等，供施训人员和受训人员了解装备保障效果，以便做出相应的干预和决策。主要包括：（1）显示基于 GIS 的战场地理环境；（2）以队标的形式按仿真步长实时显示红蓝双方仿真实体在地图上的位置；（3）以不同的颜色或形状区分实体当前所处的活动状态，如弹药装载状态、修理状态等；（4）查看队标所对应的仿真实体属性。

2. 实现方案

作战环境、实体军标和行动态势通过 MGIS Ⅱ 提供的功能实现。实体信息通过对实体的名称和类型、位置、原始兵力、当前兵力、当前任务和状态、物质信息等信息内容形式化处理，形成统一的信息管理器实现。态势显示实现过程如图 4.3.16 所示。

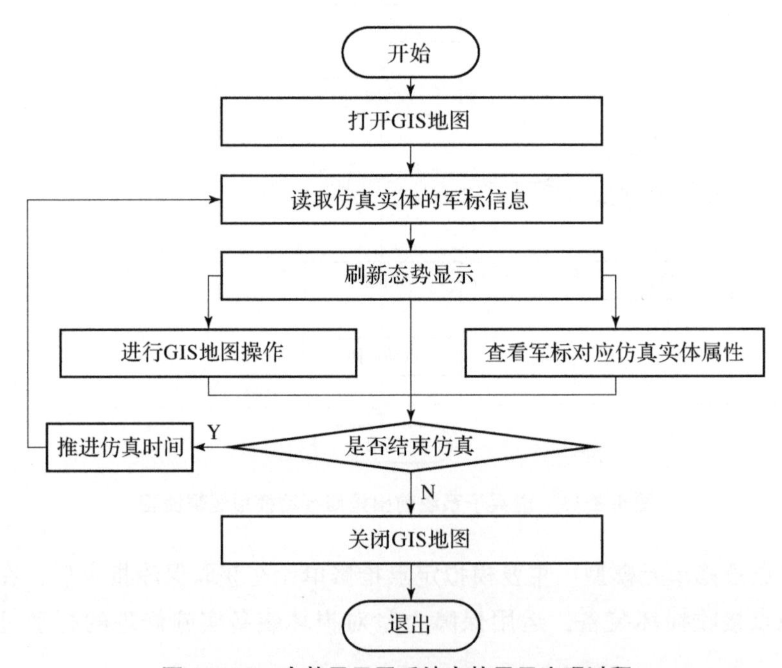

图 4.3.16 态势显示子系统态势显示实现过程

态势显示子系统的用户为组训者，系统为组训者提供战场环境显示、地图操作处理、实体信息查看三大类功能，如图 4.3.17 所示。

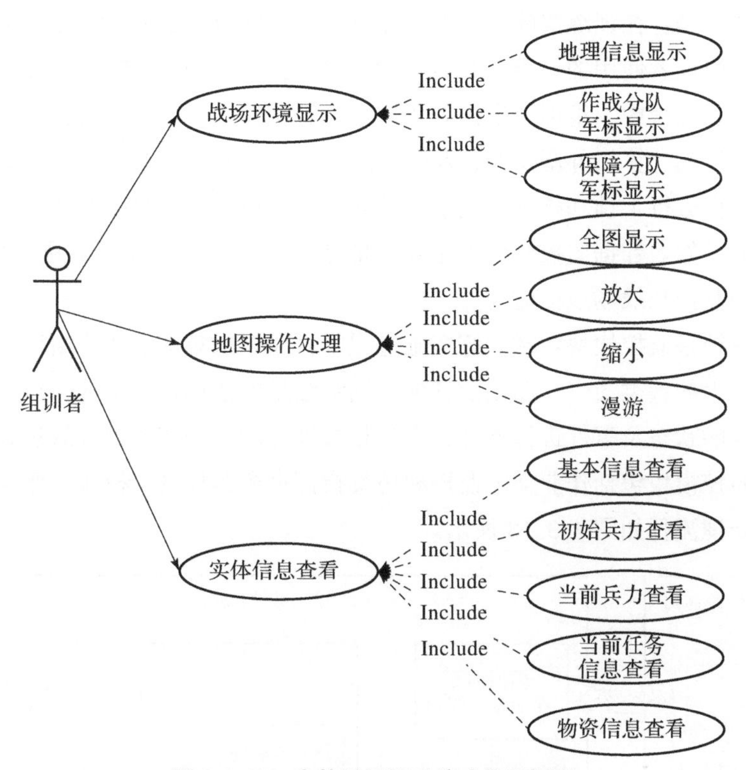

图 4.3.17　态势显示子系统功能用例图

4.3.7　考核评估子系统

1. 主要功能

考核评估子系统包括训练监控和训练评分两个模块，主要是对受训人员作业场景、作业操作和作业结果进行监控，实时获取操作步骤、作业结果信息，实现分层次、分专业、分内容、分阶段评估，能够保存、回放监控视频，对关键环节进行重点标记处理，统计分析所有受训人员的成绩。

2. 实现方案

1）训练监控模块

训练整体环境监控：监控维修训练模拟器材中整体的训练状态，人员口令、跑位、人员协调能力等，通过部署在维修训练模拟器材中的监控摄像头采集图像和音频数据，对数据进行保存，作为评分依据。

作业过程监控：又分为作业界面监控和作业数据监控。作业界面监控模块的主要功能是：在训练实施过程中，采用实时“远程截屏”和远程控制的方式，监控受训者使用的计算机的操作使用情况，了解和掌握受训人员作业过程。在训练过程中，组训者根据需要通过控制端软件，远程访问受训人员的计算机，监控其计算机屏幕操作，及时掌握受训人员实际作业情况，并根据需要对作业过程进行干预和指导。记录监控数据，支持监控信息的回放、快进、快退等功能。作业数据监控模块的主要功能是：战场数据记录、战场报告监控、战场命令监控和战场战损监控。

作业结果监控模块：在训练实施过程中，通过采集训练作业结果数据，对作业中产生的各类文书、图以及其他类训练结果的数据进行统计，对模拟训练环境特定的状态及事件进行统计，产生相关训练席位的实时训练效果数据。作业结果监控模块包括作业文电监控和仿真指挥命令监控两个模块。作业结果监控信息处理流程如图 4. 3. 18 所示。

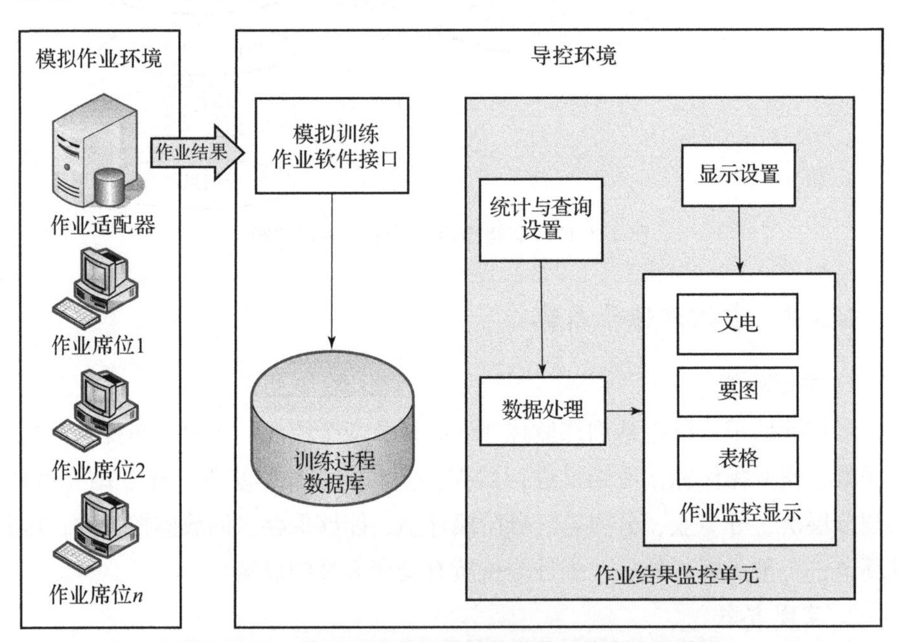

图 4. 3. 18　考核评估作业结果监控单元信息交互关系

2）训练评分模块

手动模式：这种模式主要用于受训人员少、训练课目单一、课目主观性强等情况。实现的方式是组训人员直接调用训练成绩打分表，结合训练监控中获取到的整体训练效果、操作过程步骤、操作信息数据、操作结果以及时限等信息进行逐项实时打分，评分结束后，将打分结果上传、保存，如图 4.3.19 所示。

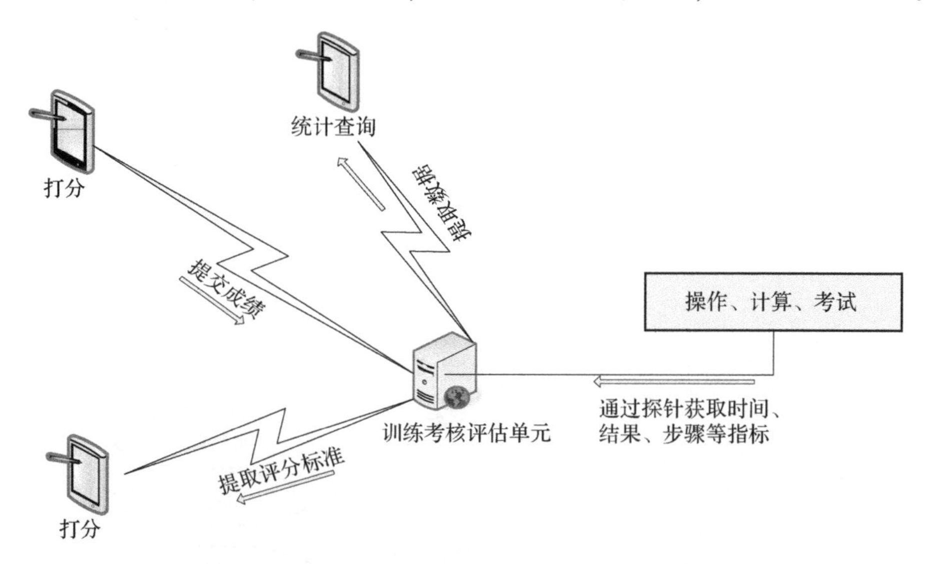

图 4.3.19　训练考核评估单元业务实现及主要功能

自动模式：是针对可以进行模块化处理的课目，通过预设的探针，采集与评分指标相关的参数，对数据进行综合处理后，得出训练课目最终分数的方式，数据处理算法可以通过调用外部算法库的方式进行不断更新完善，保证评分的公平合理要求。

考核评估子系统的用户为组训者，为用户提供了指标体系建立、评估建模、训练监控和训练评分四大类功能，详细信息如图 4.3.20 所示。

4.3.8　保障单元指控终端子系统

合成部队装备保障集成训练模拟系统保障单元指控终端软件是保障组业务训练和操作的主要平台软件，主要实现装备保障单元指令的接收、报告和战损装备的评估等功能，用于训练保障单元对装备保障任务进行分析处理和情况处置，辅助确定损坏装备故障点和可能损坏的部件，评定战损装备的损坏程度，确定需要的装备保障资源，制定装备保障行动方案，分步控制虚兵子系统执行，模拟保障组业务实施过程。

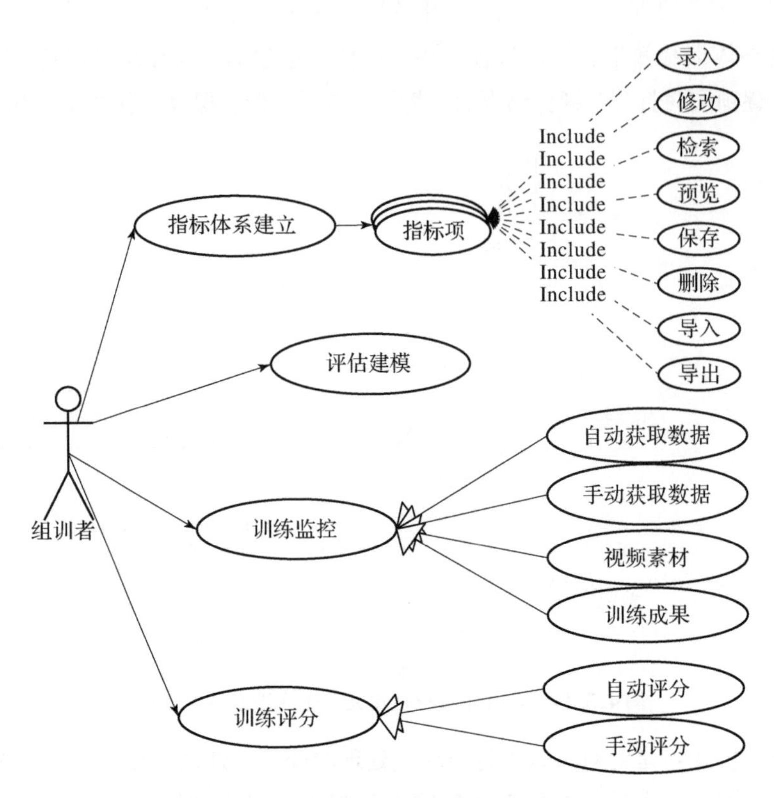

图 4.3.20 考核评估子系统功能用例图

1. 主要功能

系统的内部组成主要包括指令管理、任务执行、战损评估、报告管理、分队信息等，具体如表 4.3.1 所列。

表 4.3.1 装备保障单元指控终端软件系统内部组成

序号	名称	单位	数量	备注
1	指令管理	套	1	指令处理和浏览功能，对于该实体不能完成的指令可以放弃处理，操作人员可以根据战场实时情况有选择地对指令的执行进行优先级排序

续表

序号	名称	单位	数量	备注
2	任务执行	套	1	任务过程安排和任务执行。根据不同的指令类型安排不同的任务过程，不同的实时战场情况，针对相同的指令类型需求，将产生不同的任务过程；在任务执行过程中，操作人员需要对其进行实时指挥和干预
3	战损评估	套	1	辅助保障单元建立装备损伤数据库，录入损伤现象，通过典型故障分析流程，定位故障位置，确定损伤等级，输出装备损伤评估结果，并结合处理意见制定维修保障方案
4	报告管理	套	1	对本保障实体所有指令执行过程中产生的报告信息的管理，包括浏览上级下达的指令、保障过程中与上级通信的报告，还包括短消息收发情况等
5	分队信息	套	1	通过多个程序入口，查看当前保障分队的兵力信息、任务信息、物资器材信息、位置坐标信息等

指控终端软件中的指令管理接收到实装软件下达的装备保障指令，通过分析后生成任务，是任务执行的前提；任务执行是本系统的重要业务功能，安排保障过程中的具体步骤；战损评估模块为关键技术模块，进行装备损伤定位，结合分队情况和战场情况做出抢修决断，最终生成具有针对性的抢修方案；任务执行结果通过报告管理回执给实装软件系统。同时，指控终端软件需要接收并处理联动子系统的训练控制指令和时间同步监控，向虚兵子系统下达任务执行指令，同时获取作战模型实体和保障模型实体根据任务执行生成的任务过程数据和结果数据，用于支撑指控终端软件内的分队信息查看功能；态势显示子系统可以辅助提供态势信息，用于支撑指控终端软件内部的态势显示信息的二维信息展示。系统的整体结构如图 4. 3. 21 所示。

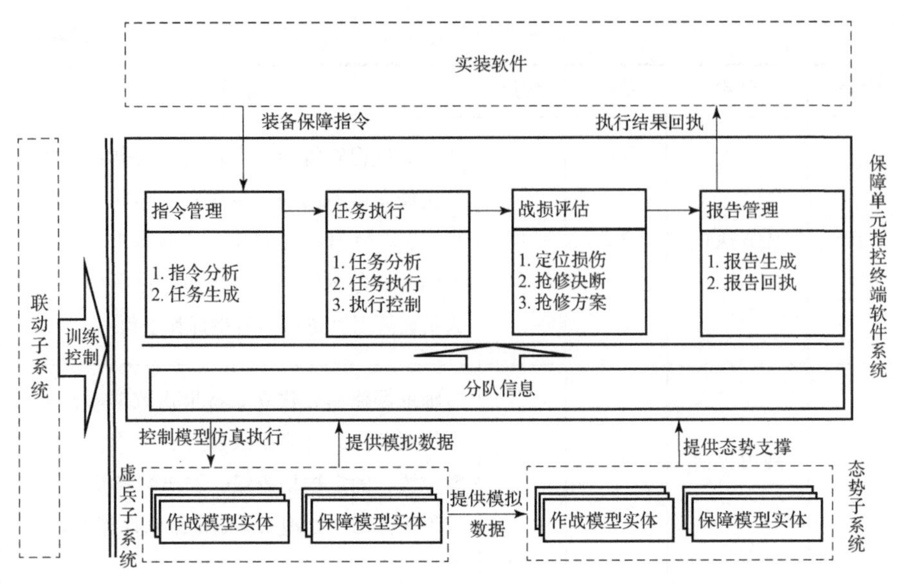

图 4.3.21　保障单元指控终端软件系统整体结构图

2. 业务逻辑设计

1）保障组任务执行业务逻辑

保障组执行的任务分为两类，一是业务任务，包括抢修任务、器材供应任务、装备后送修理；二是其他任务，包括任务中止和归建任务等。保障组执行任务的过程，分三个层次：第一层只有"接收命令"过程；第二层包括业务任务中止处理及任务执行报告和待命两个子过程；第三层由"执行新命令、任务完成报告、待命"加上若干特定业务过程构成（图 4.3.22）。

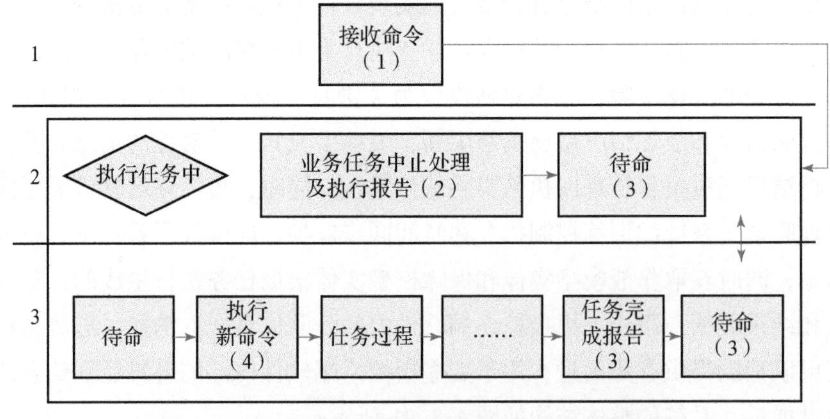

图 4.3.22　保障单元指控终端软件任务执行流程图

2）任务及过程

（1）现地完成损伤装备换件修理（无需器材供应及后送）。

现地完成损伤装备换件修理过程：执行新命令、机动并领取器材、机动到损伤装备位置、战损评估、抢修、任务完成报告、待命。

（2）器材供应后现地完成装备换件修理过程。

现地完成装备换件修理过程：因器材短缺无法开始现地修理，提交器材供应申请。

器材供应后现地完成装备换件修理过程：执行新命令、机动并领取器材、机动到损伤装备位置、战损评估（发送器材需求报告）、等待器材、抢修、任务完成报告、待命。

器材供应过程：执行新命令、机动并领取器材、机动到损伤装备位置、卸载器材、任务完成报告、待命。

（3）部件后送修理。

装备前出修理（无法完成请求后送）过程：执行新命令、机动并领取器材、机动到损伤装备位置、战损评估（发送后送修理请求报告）、任务完成报告、待命。

部件后送：执行新命令、机动到损伤装备位置、装载损伤部件、卸载损伤部件、任务完成报告、待命。

部件定点修理：执行新命令、修理、任务完成报告、待命。

现地完成损伤装备换件修理过程：执行新命令、领取器材、机动到损伤装备位置、抢修、任务完成报告、待命。

（4）装备损伤严重时处置。

过程：机动并领取器材、机动到损伤装备位置、战损评估（确认装备无法修理）、任务完成报告、待命。

（5）任务中止。

根据保障现状，分队指挥系统直接中止保障组当前任务，保障组接收指令后处于待命状态。

任务中止过程：执行新命令、业务任务中止处理及任务执行报告、待命。

（6）归建任务。

归建任务可由分队指挥系统下达，如果保障组处于待命状态没有新命令时，也可以由保障组自行决定。

归建任务过程：执行新命令、机动、待命。

3. 战损评估功能

战损评估是保障组的主要业务功能之一，其具体功能包括生成战场损伤事件、定位损伤部件、给出使用决断、给出抢修决断、形成抢修方案和输出评估结果等功能，如图 4. 3. 23 所示。

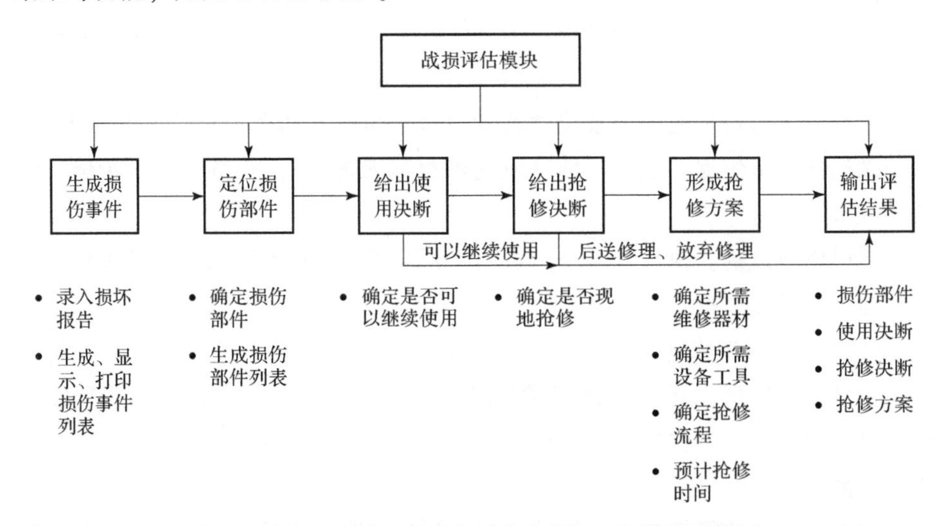

图 4. 3. 23　保障单元指控终端软件战损评估模块功能图

本章对合成部队基于 JLVC 理念的装备保障集成训练模拟系统设计建模和具体功能实现方法进行了较为深入的探讨，重点研究了合成部队装备保障集成训练模拟系统的总体架构、分系统构成、仿真节点设置和软件功能详细设计建模方法，主要包括：

（1）借鉴美军提出的 JLVC 异构训练仿真系统集成理念，在分析合成部队装备保障集成训练模拟系统的具体构成、系统形态的基础上，设计构建了集成训练模拟系统的总体架构，提出了基于 JLVC 的包括训练资源层、中间件层、核心功能层和仿真应用层的集成训练模拟系统体系结构；

（2）以合成部队装备保障集成训练模拟总体架构为基础，对合成部队装备保障集成训练模拟系统的组织架构和组训模式进行了一体化设计；根据合成部队典型作战过程装备编配和作战编组，详细设计了合成部队装备保障集成训练模拟系统的分系统构成、系统仿真形态、仿真节点设置和系统互联方法，梳理构建了典型作战过程弹药保障和装备抢修集成训练模拟系统的业务信息流；

（3）对合成部队装备保障集成训练模拟系统的训练导控系统和保障单元指控终端系统的软件功能进行了详细设计，包括基础数据管理、训练课目管理、联动、导调、虚拟兵力、态势显示、考核评估等7个子系统以及保障单元指控终端软件系统，给出了各软件系统的功能实现方案、业务逻辑流程和具体功能用例，为软件系统研制和原型系统实现提供了方法指导和技术支持。

第5章　基于CIPP的装备保障集成训练综合评估模型建模

本章主要研究基于CIPP的装备保障集成训练全程综合评估模式和基于熵权—模糊层次分析法的集成训练综合评估模型建模方法，5.1节借鉴教育评估领域基于总结性评估和形成性评估的CIPP评估模式，在剖析集成训练综合评估中背景评估、输入评估、过程评估和结果评估具体内涵的基础上，构建合成部队基于CIPP装备保障集成训练综合评估模式；5.2节结合合成部队装备保障集成训练需求分析、训练准备、过程实施和训练总结等阶段的相关信息，设计基于CIPP模式的集成训练综合评估指标体系结构和评估内容标准；5.3节构建基于信息熵权法和模糊AHP法的合成部队装备保障集成训练模糊综合评估模型及实现算法；5.4节通过实例验证评估指标体系的科学性和综合评估模型建模方法的有效性，为开展合成部队装备保障集成训练的任务目标、方案计划、实施过程、整体效能综合评估与持续改进提供方法指导和技术支持。

5.1　基于CIPP模式的装备保障集成训练综合评估内涵

5.1.1　装备保障集成训练综合评估需求分析

开展装备保障多要素、多维度集成训练的综合评估，是促进装备保障指挥机构和保障分队要素集成训练、单元合成训练整体效能提升的有效途径，是当前推进装备保障训练模式转型的重要抓手，针对本书研究成果还可以为合成部队装备保障模拟训练和软硬件系统设计改进提供重要的信息反馈。

美军一直非常重视训练评估的筹划指导和反馈优化作用，认为评估是军事训练全生命周期过程的起点和终点，一直强调强化对训练的全过程实施评估，应当建立全系统、全要素、全过程的“三全”综合评估机制。当前，我军对装备保障训练评估的研究主要集中在评估指标体系构建[60]、评估模型方法选择和评估方法算法优化改进[61]等应用实践层面，由于：（1）对装备保障多要素集成训练评估的内涵和外延理解较为片面，大多数研究仅停留在训练效果或效能等形成性评估这一单一维度上，不能从全系统、全要素、全过程的角度理解装备保障集成训练评估的反馈指导作用，导致评估结果对集成训练筹划计划、训练组织实施的反馈性和指导性不够强；（2）对装备保障多要素集成训练评估模式的理论研究还不够深入，评估模式是根据不同的评估目的、在一定的理论指导下构建形成的相对固定的评估程序范式，主要包括评估的范围目标界定、要素内容确定、流程范式设计等要素，是后续构建评估指标体系、选择评估模型和设计评估方法算法的基础性工作。

因此，当前我军装备保障多要素集成训练综合评估研究中“为评估而评估”的现象一定程度存在，评估的反馈和指导作用还没有真正有效发挥出来。本章将针对陆军合成部队装备保障多要素、多维度集成训练综合评估理论研究和应用实践中存在的不足，结合理解美军的全系统、全要素、全过程训练综合评估理念，借鉴教育评估领域基于总结性评估和形成性评估的CIPP评估模式，在明确合成部队装备保障集成训练综合评估内涵特点基础上，提出基于CIPP的装备保障集成训练全程综合评估模式、基于熵权和模糊层次分析法的集成训练综合评估模型建模方法及实现算法。

20世纪40年代，美国教育学家泰勒提出了“以目标为中心”的评估模式，将“目标—执行过程—评估”作为一个完整的循环圈，其中预定的目标是开展评估的唯一参照标准，评估的对象是与预定目标密切相关的执行过程的结果，该模式重点关注目标的达成度，但难以判定目标的合理性、难以评估执行过程中的非预期效果。后来，美国“教育评价之父”丹尼尔·斯塔弗尔比姆（Daniel. L. Stufflebeam）通过研究认为，评估的主要目的不在“证明”而在“改进”，最有意义的评估应该能够为评估主体提供反馈性信息和指导性意见，即“指导评估主体决策、支撑效能核准确定、展示有效反馈实践”[62][63]。基于此思想，1965年，斯塔弗尔比姆提出“背景（Context evaluation）—输入（Input evaluation）—过程（Process evaluation）—输出（Product evaluation）”的四阶段CIPP评估模式，该模式将以上四要素的评估活动分解到整个教育实践的每个阶段或具体过程，具有“全程性”；该模式倡导不仅在教育实践活动完成后进行“总结性”的最终成果评价，从而为后续的教育活动提供反馈信息，同时还要求在教育实践过程中开展“形成性”的成果评价，具有“反馈性”。

目前，由于陆军部队新型训练大纲刚刚颁发部队试用，各级对开展装备保障多要素集成训练的综合评估主要还是通过细化训练课目和考核细则开展目标性的成果评估，这种模式虽然能够有效支持评估主体掌握部队当前的训练水平，但显然对后续集成训练的问题反馈和优化改进指导不够。合成部队装备保障多要素集成训练综合评估，不仅仅是对训练效果的最终核定，更应该包括对训练需求分析、条件准备、人员水平、目标确定、筹划计划、组织实施、训练效果等全过程、全要素的评价。因此，本章借鉴基于 CIPP 的评估模式，构建陆军合成部队装备保障多要素集成训练全程综合评估模式，在此基础上构建评估指标体系和评估模型建模方法，力求获得对集成训练全系统全过程全要素的综合性评估体系，从而指导装备保障集成训练工作的持续改进。

5.1.2 基于 CIPP 模式的集成训练综合评估内涵

1. 背景评估——任务目标分析

背景评估是在开展多要素集成训练的任务背景下，根据装备指挥机构和装备保障分队承担的具体装备保障任务，分析装备保障多要素集成训练的能力需求、完成集成训练任务存在的问题与不足、现有训练资源和条件水平情况等制约因素，评估制定的装备保障多要素集成训练目标是否满足任务需要。背景评估的执行步骤和重点内容主要包括：

（1）运用 SMART（明确性（Specific），可测性（Measurable），实现性（Attainable），相关性（Relevant），时限性（Time - bound））目标管理五要素原则，清晰界定并准确描述参与装备保障要素集成训练的各级装备指挥机构和保障分队所担负的具体装备保障任务；

（2）剖析完成装备保障任务所需具备的保障能力（如系统构建与应变能力、需求感知与信息处理能力、资源掌控与精确跟踪能力、指挥控制与行动监控能力等），以及当前各级装备指挥机构和保障分队保障能力（如筹划计划能力、供应补给能力、抢救抢修能力等）方面存在的不足与差距；

（3）分析当前可获取的集成训练资源和训练软硬件条件的水平，如部队综合集成建设水平、配备的指挥信息系统装备水平、可提供的集成训练软硬件环境、参训人员的基础技能和战术训练水平、训练法规大纲的业务指导水平等，据此分析可能完成的装备保障集成训练任务；

（4）依据新型训练大纲中对集成训练的具体要求和部队能力、资源等方面存在的不足，分析确定装备保障集成训练课目、训练内容、训练方法和考核标准等要素，在此基础上形成明确的装备保障集成训练目标，并可根据训练任务需求和现有条件适时对训练目标进行局部优化调整。

因此，背景评估本质上是对装备保障多要素集成训练的任务需求和合成部队装备保障集成训练评估主体提出的集成训练目标的匹配程度所做的一种科学性判断，主要是为装备保障集成训练目标的调整优化和下一阶段方案计划的评估奠定基础。其逻辑关系如图 5. 1. 1 所示。

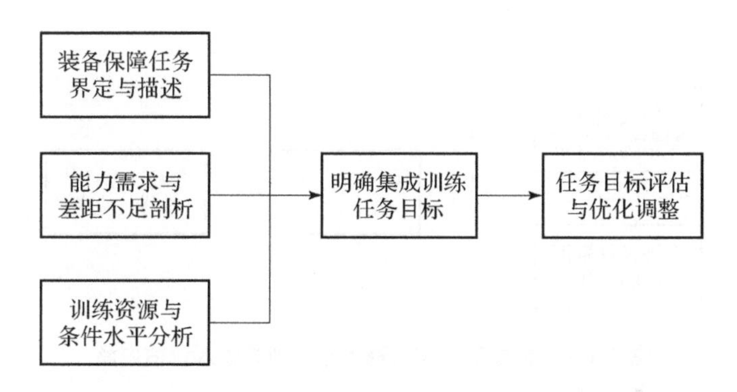

图 5. 1. 1　合成部队装备保障集成训练背景评估内涵

2. 输入评估——方案计划优选

输入评估是对实现装备保障训练任务目标所需的各类训练条件（如训练导调机构、保障编成编组、训练场地环境、训练作业条件等）、训练课目的具体保障资源（训练法规教材、训练器材、指挥信息系统、战术想定条作业件等）等进行的统筹性分析，在此基础上对制定的装备保障集成训练方案计划的可行性、合理性做出的系统性评价和择优选择。输入评估的执行步骤和重点内容主要包括：

（1）概要分析集成训练课目、组训实施方案内容设计的可行性和逻辑顺序的合理性，是否按照网系通联训练、专项功能分练和连贯综合演练的集成训练组训模式与实施流程要求进行了统筹优化；

（2）系统分析集成训练实施方案涉及的具体要素，从训练指导思想与总体思路、训练步骤与研练内容、训练保障资源条件准备等方面，对装备保障多要素集成训练实施方案进行全面评估；

(3) 从训练时间安排、阶段划分、具体内容设计、情况构想、资源保障等方面，分析评估制定的多要素装备保障集成训练计划所需的条件、资源、时间是否完备和合理可行，并根据训练目标需求和现有条件资源适时对训练计划进行修订完善。

输入评估的目的在于辅助合成部队装备保障集成训练主体对装备保障集成训练方案和计划进行利弊权衡、择优选择，对达成集成训练任务目标所需的保障条件、可利用的人力和物力资源、时间、可能的方案计划等进行系统分析和综合评估，为装备保障集成训练方案计划的改进完善提供具体思路和对策措施。其逻辑关系如图 5.1.2 所示。

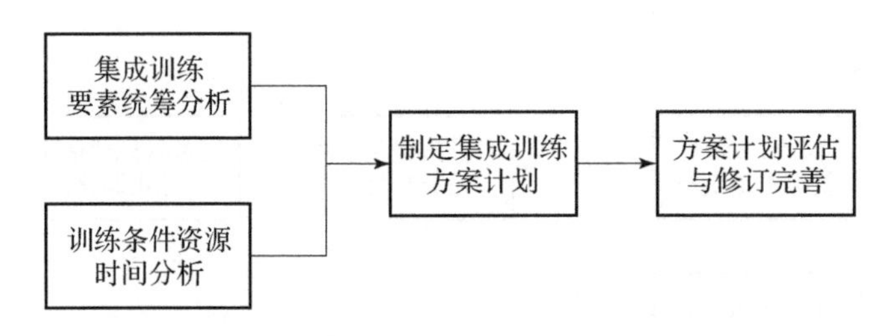

图 5.1.2　合成部队装备保障集成训练输入评估内涵

3. 过程评估——组训过程监督

过程评估是对装备保障多要素集成训练的组织实施过程进行连续不断的监控、考评与意见反馈，如保障指挥过程是否响应敏捷，保障行动实施是否集约高效，主要是对制定装备保障计划、展开装备保障力量、实施装备保障行动等过程所进行的考核评价和效能核定，其目的是为训练管理者反馈过程训练信息，实时掌控集成训练进展和完成情况；发现训练过程中存在的问题与不足，为训练方案计划的修正调整提供决策信息。过程评估的执行步骤和重点内容主要包括：

(1) 从考评内容、考评要点、考评标准、考评方法等角度，分析评估构想装备保障行动、制定装备保障计划（如弹药器材供应补给计划、装备抢救抢修计划、装备勤务保障防卫计划等）等保障筹划决策阶段行动构想是否全面，计划制定是否合理；

（2）分析评估组织装备保障力量展开、构建装备保障配系等保障力量配置阶段，人员、装备、器材配置是否符合战术要求，通信网络和指挥信息系统运行是否稳定可靠；

（3）分析评估多源获取装备保障信息、协调控制装备保障行动、组织实施装备勤务保障防卫等保障行动实施阶段，调整保障决心是否及时准确，调配保障力量和调度保障资源是否合理可行；

（4）在此基础上，制定装备保障集成训练全过程全要素考评实施细则，以此为依据对装备保障集成训练过程进行综合分析评估，获取装备保障集成训练过程信息和决策支持信息。

过程评估是对装备保障集成训练具体实施过程，即制定装备保障计划、展开装备保障力量、实施装备保障行动等过程所进行的形成性评估，为装备保障多要素集成训练进程的监控和方案计划的修正提供支撑信息。其逻辑关系如图5.1.3所示。

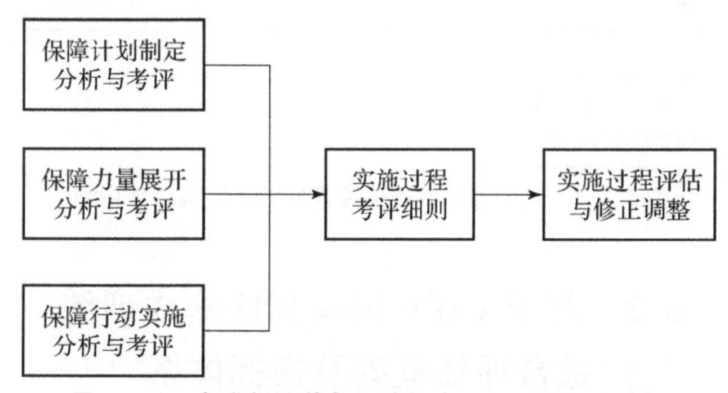

图5.1.3　合成部队装备保障集成训练过程评估内涵

4. 结果评估——整体效能评估

结果评估是对装备保障集成训练任务达成或目标完成程度所做的评价，是对装备保障多要素集成训练系统输出的综合保障能力或整体运行效能的综合评估，主要包括弹药供应补给效能、器材供应保障效能、装备抢救抢修效能等。结果评估的执行步骤和重点内容主要包括：

（1）从弹药补给到位率、平均作业时间、弹药补给资源占耗率等角度，分析评估开展弹药供应补给的效果和整体效能；

（2）从器材供应到位率、平均作业时间、器材供应资源占耗率等角度，分析评估开展器材供应保障的效果和整体效能；

(3) 从抢救抢修成功率、平均作业时间、抢救抢修资源占耗率等角度，分析评估开展装备抢救抢修的效果和整体效能；

(4) 从弹药供应补给、器材供应保障、装备抢救抢修等方面，分析评估开展装备保障多要素集成训练的综合效能，并对装备保障集成训练任务目标计划和业务实施过程进行持续改进。

结果评估是对合成部队装备保障集成训练系统的综合保障能力，即弹药供应补给、器材供应保障、装备抢救抢修等业务活动所进行的终结性评价，为装备保障集成训练系统的优化设计和训练过程的持续改进提供支撑信息。其逻辑关系如图 5. 1. 4 所示。

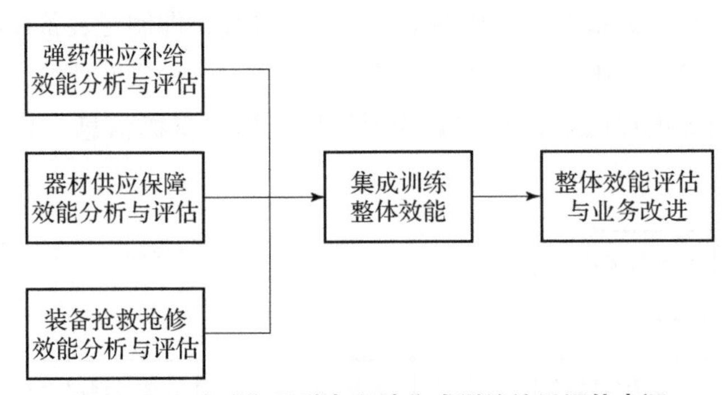

图 5. 1. 4　合成部队装备保障集成训练结果评估内涵

5. 2　基于 CIPP 装备保障集成训练综合评估框架及指标体系

5. 2. 1　基于 CIPP 装备保障集成训练综合评估模式

通过前面对合成部队装备保障集成训练评估需求的系统分析，以及对基于 CIPP 评估模式的装备保障多要素集成训练评估内涵的深入剖析，构建基于 CIPP 的装备保障集成训练综合评估整体框架及评估模式如图 5. 2. 1 所示。

整个训练综合评估活动延伸到合成部队装备保障集成训练的全系统、全要素、全过程，其中“全系统”包括装备保障集成训练的任务规划系统、训练目标系统、方案计划系统、运行实施系统、结果考核系统等；“全要素”包括参与集成训练的装备保障情报信息、指挥控制、供应补给、抢救抢修和勤务保

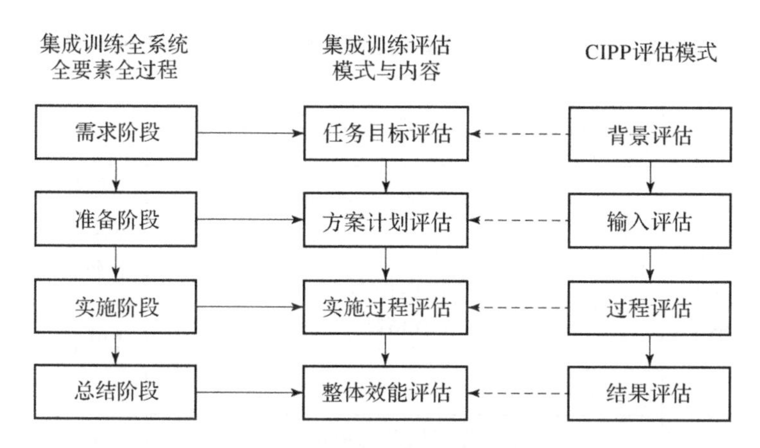

图5.2.1　基于CIPP的合成部队装备保障集成训练综合评估框架及评估模式

障等要素；“全过程”包括集成训练的需求分析阶段、训练准备阶段、组织实施阶段和训练总结阶段。从评估内涵来看，需求阶段主要开展任务目标评估，准备阶段主要开展方案计划评估，实施阶段主要对组训过程进行评估，总结阶段主要对集成训练整体效能进行评估，从而为合成部队装备保障集成训练系统设计构建与训练过程的改进完善提供对策建议。

5.2.2　评估指标体系结构与评估内容标准确定

根据前面确定的基于CIPP的合成部队装备保障集成训练综合评估内涵，确定评估指标体系结构如下：“背景评估、输入评估、过程评估、结果评估”为一级指标；“背景评估”的二级指标为“保障任务描述、保障能力需求不足分析、训练资源与条件水平分析”等，“输入评估”的二级指标为“训练方案要素统筹分析、训练计划条件资源时间分析”等；“过程评估”的二级指标为“保障计划制定、保障力量展开、保障行动实施”等；“结果评估”的二级指标为“弹药补给效能、器材保障效能、抢救抢修效能”等；三级指标是对二级指标的进一步展开细化。

评估标准是对每个三级指标的进一步细化，明确到具体评估要点和分值范围，以便考核评估人员根据具体评估标准给出评估成绩。结合合成部队开展专项演练和集成训练探索的考核实施细则，构建形成综合评估指标体系和评估标准（内容简化）如表5.2.1所列。

表 5.2.1　合成部队装备保障集成训练综合评估指标体系和评估标准

一级指标	二级指标	三级指标	评估要点	分值	评估标准
背景评估	保障任务界定与描述	装备保障任务的界定与描述	能够对参与集成训练的各级指挥机构和保障分队的装备保障任务界定准确，描述清晰	10	任务描述基本符合要求每项扣 1 分，不够符合要求扣 2 分，不符合扣 3 分或以上
		……	……		
	保障能力需求与差距	完成保障任务需要具备的保障能力	能够从系统构建与应变能力、需求感知与信息处理能力、资源掌控与精确跟踪能力等方面，剖析所需具备的保障能力	20	能力需求分析基本符合要求每项扣 1 分，不够符合扣 2 分，不符合扣 3 分或以上
		……	……		
	训练资源与条件水平	人员基础技能和战术训练水平	人员完成共同基础和指挥技能训练、战术作业训练的能力水平	10	人员水平较好每项扣 1 分，水平一般扣 2 分，较差扣 3 分或以上
		……	……		
输入评估	集成训练要素统筹分析	集成训练方案合理性	从训练指导思想与总体思路、训练步骤与研练内容、训练保障条件准备等方面，分析训练实施方案的科学性和合理性	30	水平较好每项扣 2 分，水平一般扣 4 分，较差扣 6 分或以上
		……	……		
	训练条件资源时间分析	集成训练计划合理性	从训练内容设计、训练情况构想、训练资源保障等方面，分析评估训练计划所需的条件、资源、时间是否科学合理	30	水平较好每项扣 2 分，水平一般扣 4 分，较差扣 6 分或以上
		……	……		

续表

一级指标	二级指标	三级指标	评估要点	分值	评估标准
过程评估	保障计划制定	拟制装备保障计划	各类文书要素齐全，内容完整，表述准确，格式规范	6	文书重要内容缺失或表述不准确每项扣 1 分，其他问题扣0.5 分
		……	……		
	保障力量展开	组织保障力量展开	人员、装备、器材配置和防护措施符合战术要求	9	措施基本符合要求每项扣 1 分，不够符合扣 2 分，不符合扣 3 分
		……	……		
	保障行动实施	协调控制保障行动	能够准确下达保障指令，及时展开装备保障行动	6	指令下达基本符合要求扣 2 分，不够符合扣 3 分，不符合扣 4 分
		……	……		
结果评估	弹药供应补给效能	弹药补给到位率	能够按照保障需求，保质保量完成弹药补给任务	15	补给基本符合要求扣 2 分，不够符合扣 4 分，不符合扣 6 分
		……	……		
	器材供应保障效能	器材供应到位率	能够按照保障需求，保质保量完成器材供应任务	10	供应基本符合要求扣 2 分，不够符合扣 4 分，不符合扣 6 分
		……	……		
	装备抢救抢修效能	抢救抢修成功率	能够按照保障需求，保质保量完成装备抢救抢修任务	15	抢救抢修基本符合要求扣 2 分，不够符合扣 4 分，不符合扣 6 分
		……	……		

5.3 基于熵权—模糊 AHP 法的集成训练综合评估模型

由于装备保障集成训练的部分评估要点难以客观量化，如过程评估中的“构想装备保障行动、组织保障力量展开、协调控制保障行动”等评估指标均具有一定程度的模糊性，因此本章拟采用基于熵权理论的熵权法和基于综合评价理论的模糊层次分析法相结合的方法开展合成部队装备保障多要素集成训练综合评估模型构建。熵权法主要是运用信息熵理论来确定被评估指标的权重，是一种较为客观的赋予评估指标权重的方法，可以克服层次分析法等传统评估方法在确定指标权重时容易受到主观因素的干扰，因此将熵权—模糊 AHP 法应用于合成部队装备保障集成训练综合评估中具有一定的可行性。

5.3.1 基于模糊 AHP 法确定指标权重

1. 确定评语集 V、因素集 U 和模糊评价矩阵 R

将影响合成部队装备保障集成训练综合效果和整体效能的所有评估指标构成因素集，将待评估因素可能形成的评价等级构成评语集。构建模糊评价矩阵一般对集成训练综合评估因素集 U 中单个指标进行判断，确定待评估对象对评语集中各要素的隶属程度。其具体实现算法如下：

Step1 根据前面对综合评估指标的构成和评估内容标准的分析，可将装备保障集成训练综合评估评语集表示为 $V=\{V_1,V_2,\cdots,V_n\}=\{好,中,差\}$；

Step2 将集成训练综合评估因素集表示为 $U=\{U_1,U_2,\cdots,U_m\}$，考虑到 CIPP 模式主要从四个方面进行评估，可以将评估指标进一步细化为若干个二级指标和三级指标；以过程评估指标为例，其因素集 $U^{过程}=\{U_1,U_2,U_3\}$，$U_1=\{U_{11},U_{12}\}$，$U_2=\{U_{21},U_{22}\}$，$U_3=\{U_{31},U_{32},U_{33}\}$。

Step3 构建模糊评价矩阵 R 一般采用模糊综合评价法，对集成训练评估因素集 U 中单个指标进行判断，确定待评估对象对评语集中各要素的隶属程度，各评估专家根据评语集 V 对各待评价指标判定具体的评估等级：好、中、差；

Step4 用某一评估等级的专家人数占所有专家人数的比例确定待评估指标的评估等级的隶属度，得到评价矩阵 $\boldsymbol{X}=[x_{ij}]_{m\times n}$，其中 m 为因素集 U 矩阵的维度，n 为评语集 V 矩阵的维度；

Step5 将评价矩阵 $\boldsymbol{X}$ 进行标准化处理，如将每一行的元素都除以该行元素之和，即可得到隶属度矩阵或模糊评价矩阵 $\boldsymbol{R}=[r_{ij}]_{m\times n}$，其中 $r_{ij}\in[0,1]$。

2. 基于模糊AHP法计算评估指标的权重

Step1 采用1－9标度法将待评估指标两两进行比较，即可得到 m 维模糊判断矩阵 P，其中 p_{xy} 通过1－9标度法给出，其具体含义如下表所列。

标度	含义
0.5	表示两个元素相比同等重要
0.6	表示两个元素相比前者比后者稍微重要
0.7	表示两个元素相比前者比后者明显重要
0.8	表示两个元素相比前者比后者重要很多
0.9	表示两个元素相比前者比后者极端重要
0.1～0.4	表示反比较，将元素 C_i 与 C_j 比较得 r_{ij}，则 C_j 与 C_i 比较得 $r_{ij}=1-r_{ij}$

Step2 计算模糊判断矩阵 $\boldsymbol{P}$ 各行的乘积 $M_i(i=1,2,\cdots,m)$ 和 M_i 的 m 次方根 $\overline{A}_i$，进一步可得特征向量 $A=[A_1,A_2,\cdots,A_m]^{\mathrm{T}}$ 的各分量，即为对应待评估指标的权重值；同时，计算模糊判断矩阵 $\boldsymbol{P}$ 的最大特征根：

$$\lambda_{\max}=\sum_{i=1}^{m}\frac{(\boldsymbol{PA})_i}{mA_i}$$

Step3 采用公式 $CR=CI/RI$，对矩阵 $\boldsymbol{P}$ 进行一致性检验，其中 $CI=\frac{\lambda_{\max}-m}{m-1}$，$RI$ 为平均随机一致性指标；当 $CR<0.1$ 时，表明矩阵 $\boldsymbol{P}$ 的一致性可接受，否则返回setp1应对矩阵 $\boldsymbol{P}$ 进行修正。

5.3.2 基于信息熵权法确定指标权重

熵权法是一种基于信息熵理论的待评估指标的客观赋权方法，其基本原理是通过比较待评估指标在不同评价对象间所存在的差异来客观赋权，差异越大表明所包含的信息越多，则该评估指标的信息熵值越小，那么其在整个评估指标体系中的权重就越大，因此某种意义上讲熵权法是通过计算评估指标的信息熵值获得其赋权的一种方法。

1. 定义评价指标的熵值

假设因素集 U 有 m 个待评估指标，评语集 V 的维度为 n，则第 i 个待评估

指标的信息熵值可界定为

$$H_i = -k\sum_{j=1}^{n} f_{ij}\ln f_{ij}, i = 1,2,\cdots,m, \text{其中}: f_{ij} = r_{ij}\Big/\sum_{i=1}^{n} r_{ij}, k = 1/\ln n。$$

2. 计算评价指标的熵权向量

依据以上定义，则可得第 i 个待评估指标的熵权可定义为

$$w_i = \frac{(1 - H_i)}{\left(m - \sum_{i=1}^{m} H_i\right)}$$

其中：$0 \leqslant w_i \leqslant 1, \sum_{i=1}^{m} w_i = 1$。

对于因素集 $U_i(i=1,2,\cdots,m)$，可得到其熵权向量为 $W_i=(w_{i1},w_{i2},\cdots,w_{im_i})$。

5.3.3 基于熵权法和模糊 AHP 法的集成训练综合评估模型

1. 基于熵权向量和特征向量的综合权重

信息熵权法作为一种待评估指标的客观赋权方法，其优点是能够充分利用采集数据提供的原始信息得出较为客观公正的结论，但容易受到评价对象本身相关因素的影响；模糊层次分析法 Fuzzy – AHP 是尽可能借助专家的经验知识来确定待评估指标的权重，需要采集的数据较少且计算过程相对简单，但不足之处是专家的个人偏好和主观选择可能会对最终结果影响很大。费智聪等人通过理论推导认为，得出基于熵权法确定的指标权重与基于模糊 AHP 法求出的指标权重具有一致性的结论，因此可以将两者赋予的权重进行组合优化[64][65]。本章使用模型集成中常用的最优化方法，对基于熵权法和基于模糊 AHP 的权重确定方法进行综合，期望得到更为优化的指标权重，其综合评估流程如图 5.3.1 所示。

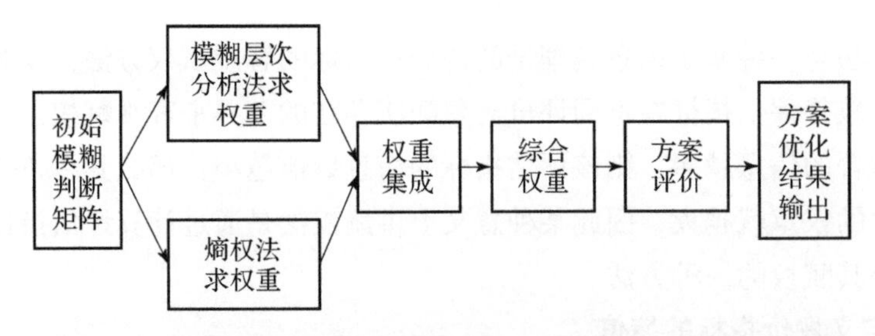

图 5.3.1 基于熵权法和基于模糊 AHP 的权重确定及综合评估流程

对于有个 m_i 待评估指标的因素集 $U_i(i=1,2,\cdots,m)$，通过 5.3.1 节的算法可求得因素集 U_i 对应的模糊判断矩阵的特征向量 $A_i=(a_{i1},a_{i2},\cdots,a_{im_i})$，通过 5.3.2 节的算法可求得 U_i 对应的熵权向量 $W_i=(w_{i1},w_{i2},\cdots,w_{im_i})$，则可求得因素集 U_i 的综合权重为

$$t_{ij} = (a_{ij}w_{ij}) \Big/ \sum_{j=1}^{m_i} a_{ij}w_{ij}$$

进一步可求得因素集 U_i 的综合权重向量为

$$T_i=(t_{i1},t_{i2},\cdots,t_{im_i})。$$

2. 基于熵权法和 AHP 法的综合评估模型

对因素集 $U_i(i=1,2,\cdots,m)$，按照前述方法可求得其隶属度矩阵或模糊评价矩阵 R_i，定义 $T_iR_i=D_i$，则可得到因素集 U_i 对评价集 V 的隶属向量。则基于熵权法和模糊 AHP 法，装备保障多要素集成训练模糊综合评估模型可具体表示为

$$B=AD=(B_1,B_2,\cdots B_i,\cdots,B_m)。$$

其中：$A=[A_1,A_2,\cdots,A_m]^{\mathrm{T}}$，$D=(D_1,D_2,D_3,D_4)$

根据最大隶属度原则，$\max B_i$ 对应级别为最终的评估结果。

5.4　基于 CIPP 模型的集成训练综合评估建模流程

针对前面构建的基于 CIPP 装备保障多要素集成训练综合评估指标体系，利用基于熵权法和 AHP 法的模糊综合评估模型，可对对合成部队装备保障集成训练的任务目标、方案计划、实施过程以及整体效能进行综合评估，为有效监控装备保障集成训练的全过程、检验装备保障集成训练质量效果，支持并促进装备保障集成训练业务的持续改进提供信息。

5.4.1　构建综合评估指标体系

装备保障集成训练评估包括背景评估、输入评估、过程评估和结果评估共 4 个一级指标，其中背景评估包括 8 个二级指标，输入评估包括 4 个二级指标、过程评估包括 7 个二级指标，结果评估包括 9 个二级指标，每个二级指标又包括若干三级指标。

集成训练综合评估评语集为 $V=\{V_1,V_2,V_3\}=\{好,中,差\}$，因素集 U 可

具体表示为

$$U=\{U_1,U_2,U_3,U_4\}$$

$$U_1=\{U_{11},U_{12},U_{13}\}=\{U_{111},U_{121},U_{122},U_{131},U_{132},U_{133},U_{134},U_{135}\},$$

$$U_2=\{U_{21},U_{22}\}=\{U_{211},U_{212},U_{221},U_{222}\},$$

$$U_3=\{U_{31},U_{32},U_{33}\}==\{U_{311},U_{312},U_{321},U_{322},U_{331},U_{332},U_{333}\},$$

$$U_4=\{U_{41},U_{42},U_{43}\}==\{U_{411},U_{412},U_{413},U_{421},U_{422},U_{423},U_{431},U_{432},U_{433}\}。$$

5.4.2 确定评估指标模糊评价矩阵

选取6位专家对因素集中的单个指标进行判断，确定待评估对象对评语集中各要素的隶属程度，进而得到隶属度矩阵分别：$\boldsymbol{R}_{1(3\times3)}$，$\boldsymbol{R}_{2(3\times3)}$，$\boldsymbol{R}_{3(3\times3)}$，下角标分别表示每个一级指标有 m 个二级评估指标和 n 个评估等级；同理，三级指标的隶属度矩阵（以过程评估指标为例）分别为：$\boldsymbol{R}_{31(2\times3)}$，$\boldsymbol{R}_{32(2\times3)}$，$\boldsymbol{R}_{33(3\times3)}$。具体如下：

R_1（3个二级指标×3个评估等级），$R_{11(1\times3)}$，$R_{12(2\times3)}$，$R_{13(5\times3)}$；

R_2（2个二级指标×3个评估等级），$R_{21(2\times3)}$，$R_{22(2\times3)}$；

R_3（3个二级指标×3个评估等级），$R_{31(2\times3)}$，$R_{32(2\times3)}$，$R_{33(3\times3)}$；

R_4（3个二级指标×3个评估等级），$R_{41(3\times3)}$，$R_{42(3\times3)}$，$R_{43(3\times3)}$。

5.4.3 基于模糊AHP法计算评估指标权重

专家采用1－9标度法对各待评估指标的重要程度进行打分，并进行一致性检验，即可构造一级指标的模糊判断矩阵 $\boldsymbol{P}$：

$$\boldsymbol{P}_{(4\times4)}=\begin{bmatrix}1 & 5 & 3 & 1/3\\ 1/5 & 1 & 1/3 & 1/5\\ 1/3 & 3 & 1 & 1/3\\ 3 & 5 & 3 & 1\end{bmatrix}$$

计算可得一级指标的权重为

$$A=(0.2884,0.0655,0.1465,0.4995)。$$

同理，可构造二级指标的模糊判断矩阵 $\boldsymbol{P}$：$\boldsymbol{P}_{1(3\times3)}$，$\boldsymbol{P}_{2(2\times2)}$，$\boldsymbol{P}_{3(3\times3)}$，$\boldsymbol{P}_{4(3\times3)}$，计算可得二级指标的权重为：$A_{1(1\times3)}$，$A_{2(1\times2)}$，$A_{3(1\times3)}$，$A_{4(1\times3)}$，其中 $A_{3(1\times3)}=(0.3225,0.4015)$。

同理，可构造三级指标的模糊判断矩阵 $\boldsymbol{P}$：

$$\boldsymbol{P}_{11}(1\times1),\boldsymbol{P}_{12}(2\times2),\boldsymbol{P}_{13}(5\times5)$$

$$\boldsymbol{P}_{21}(2\times2),\boldsymbol{P}_{22}(2\times2)$$

$$\boldsymbol{P}_{31}(2\times2),\boldsymbol{P}_{32}(2\times2),\boldsymbol{P}_{33}(3\times3)$$

$$\boldsymbol{P}_{41}(3\times3),\boldsymbol{P}_{42}(3\times3),\boldsymbol{P}_{43}(3\times3)$$

计算得到三级指标的权重为

$$A_{11}(1\times1),A_{12}(1\times2),A_{13}(1\times5)$$

$$A_{21}(1\times2),A_{22}(1\times2)$$

$$A_{31}(1\times2),A_{32}(1\times2),A_{33}(1\times3)$$

$$A_{41}(1\times3),A_{42}(1\times3),A_{43}(1\times3)$$

其中：$A_{31(1\times2)}=(0.4580,0.5420)$，$A_{32(1\times2)}=(0.3685,0.6315)$，$A_{33(1\times3)}=(0.3152,0.3572,0.3276)$。

5.4.4　基于熵权法计算评估指标权重

根据上述确定的二级指标和三级指标的模糊评价隶属度矩阵，以及熵权计算公式，可得各评估指标对应的熵权向量分别为

$$W_1(1\times3):W_{11}(1\times1),W_{12}(1\times2),W_{13}(1\times5)$$

$$W_2(1\times2):W_{21}(1\times1),W_{22}(1\times2)$$

$$W_3(1\times3):W_{31}(1\times2),W_{32}(1\times2),W_{33}(1\times3)$$

$$W_4(1\times3):W_{11}(1\times3),W_{12}(1\times3),W_{13}(1\times3)$$

根据隶属度矩阵和熵权计算公式，具体计算可得各评估指标对应熵权向量分别为：$W_{1(1\times3)}$，$W_{2(1\times2)}$，$W_{3(1\times3)}=(0.3281,0.3270,0.3385)$，$W_{4(1\times3)}$，三级指标的熵权向量为：$W_{31(1\times2)}=(0.5480,0.4420)$，$W_{32(1\times2)}=(0.4650,0.5350)$，$W_{33(1\times3)}=(0.3380,0.3545,0.3075)$。

5.4.5　确定评估指标综合权重

根据因素集 U_i 的综合权重公式：

$$t_{ij}=(a_{ij}w_{ij})\Big/\sum_{j=1}^{m_i}a_{ij}w_{ij}$$

可求得三级指标的综合权重向量为

$$T_{11}(1\times1),T_{12}(1\times2),T_{13}(1\times5)$$

$$T_{21}(1\times2),T_{22}(1\times2)$$

$$T_{31}(1\times2),T_{32}(1\times2),T_{33}(1\times3)$$

$$T_{41}(1\times3),T_{42}(1\times3),T_{43}(1\times3)$$

同理，可求得二级指标的综合权重向量为

$$T_1(1\times3),T_2(1\times2),T_3(1\times3),T_4(1\times3)$$

以过程评估为例，可得三级指标的综合权重向量为：$T_{31(1\times2)}=(0.5450,0.4550)$，$T_{32(1\times2)}=(0.4270,0.5730)$，$T_{33(1\times3)}=(0.2935,0.4040,0.3025)$。同理，可求得二级指标的综合权重向量为：$T_{1(1\times3)}$，$T_{2(1\times2)}$，$T_{3(1\times3)}$，$T_{4(1\times3)}$，其中 $T_{3(1\times3)}=(0.3035,0.3850,0.3125)$。

5.4.6 评估指标模糊综合评价

利用模糊综合评价模型 $T_iR_i=D_i$，计算得到三级指标的模糊综合评价向量为：

$$D_{11}(1\times1)(1\times3),D_{12}(1\times2)(2\times3),D_{13}(1\times5)(5\times3)$$

可得 $D_1(3\times3)=[D_{11}D_{12}D_{13}]$

同理，$D_{21}(1\times3)$，$D_{22}(1\times3)$

可得 $D_2(2\times3)=[D_{21}D_{22}]$

$$D_{31}(1\times3),D_{32}(1\times3),D_{33}(1\times3)$$

可得 $D_3(3\times3)=[D_{31}D_{32}D_{33}]$

$$D_{41}(1\times3),D_{42}(1\times3),D_{43}(1\times3)$$

可得 $D_4(3\times3)=[D_{41}D_{32}D_{43}]$

因此，根据公式 $B=AD(A=[A_1,A_2,\cdots,A_m]^{\mathrm{T}},D=(D_1,D_2,D_3,D_4))$，分别得到二级指标的模糊综合评价向量为

$$B_{1(1\times3)}=A_{1(1\times3)}D_{1(3\times3)},B_{2(1\times3)}=A_{2(1\times2)}D_{2(2\times3)}$$

$$B_{3(1\times3)}=A_{3(1\times3)}D_{3(3\times3)},B_{4(1\times3)}=A_{4(1\times3)}D_{4(3\times3)}$$

其中：$B_{3(1\times3)}=(0.3143,0.4205,0.2652)$。

据此计算结果可分别得到背景评估、输入评估、过程评估和结果评估的 $\max B_i$ 值，其中过程评估的 $\max B_i$ 为 0.4205。根据最大属性原则，可以分别得到背景评估、输入评估、过程评估和结果评估的结果，其中集成训练过程评估

结果为“中等”，据此结果可以有针对性地对装备保障集成训练的任务目标、方案计划、组训过程、整体效能进行持续改进，其中对装备保障集成训练组训实施过程中的“保障计划制定、保障力量展开、保障行动实施”等因素进行改进完善，从而保证装备保障集成训练工作质量和装备保障集成训练效能的整体提升。其他计算过程和结果分析类似，此处不再赘述。

本章对合成部队装备保障多要素集成训练综合评估模式和评估模型建模方法进行了较为深入的研究，重点构建了基于熵权—模糊层次分析法的合成部队装备保障集成训练综合评估模型，主要包括：

（1）借鉴教育评估领域基于总结性评估和形成性评估的 CIPP 评估模式，在剖析合成部队装备保障集成训练综合评估中背景评估、输入评估、过程评估和结果评估具体内涵的基础上，构建了合成部队基于 CIPP 装备保障集成训练综合评估模式；

（2）通过分析合成部队装备保障集成训练需求分析、训练准备、过程实施和训练总结等阶段的相关信息，设计了基于 CIPP 模式的装备保障集成训练综合评估指标体系和评估内容标准；

（3）构建了基于信息熵权法和模糊 AHP 法的合成部队装备保障集成训练模糊综合评估模型，设计了具体实现算法，并通过实例验证了综合评估模型建模方法的有效性，为开展合成部队装备保障集成训练的任务目标、方案计划、实施过程、整体效能综合评估与持续改进提供了方法指导和技术支持。

第6章　基于粗糙集的装备保障集成训练综合效能评估方法

本章主要研究基于粗糙集理论的合成部队装备保障集成训练综合效能评估方法。第6.1节主要研究粗糙集理论的基本知识、多属性约简常用算法以及应用领域研究。第6.2节主要研究粗糙集的知识决策信息系统，研究知识约简的概念以及约简实现的过程，并提出装备保障集成训练综合效能表征方法与实现。第6.3节主要研究基于粗糙集理论的连续属性离散算法，确保信息丢失的最小化，提高分类算法的精度。第6.4节研究不同类型属性约简算法和权重计算方法，提出了一种改进的基于互信息的粗糙集属性约简和权重计算算法，并对装备保障集成训练系统指标进行仿真实验，优选出权重性的指标。

6.1　粗糙集理论模型与应用研究

粗糙集理论（Rough Set Theory，RST）是波兰数学家Z. Pawlak在1982年最早提出的，是一种用来研究非确定性数据的数学理论。该理论主要有以下特点：

（1）仅依赖于原始数据，而不需要任何外部信息；

（2）不仅适用于分析质量属性而且适用于分析数据数量属性；

（3）约简冗余的属性，且约简算法较为简单，由RS模型导出的决策规则集给出了最小的知识表示。

作为一种软计算方法，RST与其他处理不确定和不精确问题理论的最显著区别是它无需提供所需处理数据集合之外的任何先验信息，如统计学中的概率分布，模糊集理论中的隶属度等，能够客观描述或处理问题的不确定性。

6.1.1　粗糙集理论研究

粗糙集理论作为一种刻画不确定、不完整知识和数据的表达、学习、归纳的数学工具和方法，能够有效地分析和处理不精确、不完整和不一致等各种信息，并从中挖掘出隐含的知识，揭示潜在的规律。其理论已在不同的学科、行业领域有了突出的应用，学术界对其本身以及与其他理论和技术关系的研究也是如火如荼。目前国内外学者对于粗糙集理论的研究主要集中在以下几个等方面：

1. 粗糙集理论算法研究

算法的研究包括两大方面：一是约简算法，二是规则的增量式算法。约简是粗糙集中用于数据分析的重要概念。约简包括两个方面：属性约简和值约简。然而对于一个信息系统来说，Wong S. K. M 和 Ziarko. W 已经证明了属性约简和值约简都是 NP 问题，因此一般研究的是启发式约简算法，以获取最优或次优属性约简和值约简[66]。原有的算法是在固定的数据集上进行，当有新的数据增加到数据集时，利用原有的算法导出规则相当麻烦。增量式算法是对原有规则进行修正，从而得出关于新数据集的规则的方法[67][68]。

2. 粗糙集扩展模型研究

粗糙集理论应用于数据分析时，会遇到噪声、数据缺失、数据量大等一系列经典理论解决不够理想的问题。因此近几年的研究中，出现了许多粗糙集的拓展模型。其中最典型的有可变精度粗糙集模型（VPRS）[69]、相似模型等。

可变精度粗糙集模型：在数据集中存在噪声等干扰情况下，经典粗糙集理论会由于对数据的过拟合而使其对新对象的预测能力大为降低。Ziarko 提出了一种可变精度粗糙集模型（VPRS），该模型通过引入一个精度，允许粗糙集存在一定的误分类率，从而使粗糙集合具有一定的容错性，增强其抗干扰能力。Katzberg 和 Ziark 进一步提出不对称边界的 VPRS 模型，从而使此模型更加一般化。陈湘晖等则构造了一种新的扩展粗糙集模型，在知识表达系统和决策表中通过引入数据对象的权值函数和属性的特征函数来表示对象的重要性和特征。

相似模型：作为经典粗糙集理论的基础，不可分辨关系是一种很强的关系。对应数据库中普遍存在的数据不完备情况，不可分辨关系或者等价关系就无法发挥作用。为加强粗糙集的性能，Marzena[70]首先提出用相似关系来代替不可分辨关系。Slowinski[71]进一步阐述了相似关系模型的定义和性质。

3. 不确定性问题的研究

粗糙集理论中知识的不确定性主要由两个原因产生的：一个原因是直接来自于论域上的二元关系及其产生的知识模块，即近似空间本身，如果二元等价关系的划分很粗，每一个知识模块就会很大，则知识库中的知识很粗糙，相对于近似空间的概念和知识就非常不确定，这时处理知识不确定性的方法往往用信息熵来刻画。知识的粗糙性与信息熵的关系比较密切，知识的粗糙性实质上是其所含信息多少的更深层次的刻画[72]。粗糙集理论中知识不确定性的另一个原因来自于给定论域里粗糙近似的边界，当边界为空集时，知识是确定的，边界越大知识就越粗糙或越模糊。寻求合适的度量来刻画知识的不确定性也是粗集理论研究的一个重要方向。

尽管粗糙集理论与其他处理不确定性的理论相比，具有不可替代的优越性，但是仍然存在某些片面性与不足之处，如由于对数据的过拟合而使其对新对象的预测能力大为降低，不能处理偏好多属性决策分类问题；对于粗糙集边界区域的刻画比较简单，不能识别仅有少数事例支持的随机规则；对原始数据的模糊性缺乏相应的处理方法。据一些学者进行的概率统计，每一种方法都有其适用范围，没有一种方法对于所有的问题都是最好的。在实践应用中，常将几个技术合并起来构造一个“杂合”的方法，以便优势互补，克服单个技术的限制。RST 与人工神经网络、概率理论、优势关系、模糊集合理论、灰色系统理论等软计算技术有较强的互补性。如将经典的粗糙集方法与优势关系组合，用优势关系代替不可分辨关系重构粗糙集模型，可将粗糙集模型扩展为处理偏好多属性决策分析问题的方法。

6.1.2 多属性约简

属性约简就是保持信息系统分类能力不变的情况下，约去不必要的属性。属性约简在某些应用领域又叫数据约简、特征提取、知识约简等。目前属性约简算法研究主要集中在以下几个方面：

Skowron 提出了基于分辨矩阵的属性约简方法[73]，参考文献［74］对分辨矩阵的属性约简方法进行了改进。通常采用保持正域分布一致的基于属性重要度的约简算法[75]，或者基于信息熵的属性约简算法[76]，或者以分辨矩阵中属性出现的频率为属性重要性度量的约简算法[77]，或者基于区分能力的启发式约简算法[78]等。此外，为了进一步提高约简算法的速度，许多学者还结合了遗传算法[79]、粒子群优化[80]、蚁群优化[81]等优化算法进行属性约简。

(1) 一般性属性约简算法：这是一种试探性算法，对决策表中每个条件属性逐一考察，如果对分类不影响则删除，有影响则保留，从而求得形成决策的属性集。该算法采用的搜索策略是一个组合爆炸问题，穷尽的搜索时间和空间代价都很高，故而不是一种实用高效的算法，而采取某种启发式的搜索方法。

（2）基于差别矩阵的约简算法：差别矩阵法是由波兰华沙大学著名数学家 Skowron 在 1992 年提出的，利用这个工具，可以将存在于复杂信息系统中的全部不可区分的关系表达出来。但由于差别矩阵中有大量重复元素，需要预先处理不相容记录，会降低算法的效率。

（3）基于属性依赖度的约简算法：在决策表中属性之间具有的依赖关系是这类算法的基本出发点，首先寻找处于核心地位的属性集，即核属性集，有时可能无法求出核，那么就从空集开始，按照某种衡量属性重要度的方法计算出每个属性的重要度函数值，依次选择对决策属性影响最大的属性加入到核中，直到满足设定的停止条件为止，这样得到的属性集就是原决策表的一个约简集。这类算法比较简单直观，关键问题是寻找属性重要度的度量问题，可以选用属性依赖度，属性频度函数等。此算法时间性能较好，但在某些情况下求取的属性约简是不完备的，不一定能得到最小约简。

（4）基于条件信息熵的约简算法：在选择属性时，利用信息熵对多条件属性进行度量，值越小的条件属性所提供的信息量越大，对决策属性的决定就越大，反之信息量越小，对决策的影响也越小。这种算法也是一种启发式约简算法，但也是不完备的。

（5）基于遗传算法的约简算法：遗传算法是一种自适应随机搜索方法，通过计算机模拟生物进化过程，使群体不断优化。具有代表性的有 Bjorvand 和 Komorowski[82] 提出的遗传算法。设计合适的初始种群，考虑将核属性或专家认为必要的属性加入种群中，以加快算法的收敛。

另外，还有针对变精度粗糙集的约简算法、针对不完备、不一致、不协调系统提出的约简算法，如参考文献［82］在 VPRS 模型的基础上，研究了 β 值与集合的相对可辨识性关系，并给出了不协调信息系统的 β 下近似约简方法；在分布约简的基础上，米据生[84] 等人提出了 β 下分布约简、上分布约简、β 最大分布约简等方法，并借鉴分辨矩阵的思想，构造了这几种约简的分辨矩阵，并指出了 β 取值对约简结果的影响；袁修久等人在参考文献［85］中将分配约简推广到模糊目标信息系统中，定义了新的 β 下、上分配约简的概念；黄兵等人[86] 提出了不完备信息系统下的分配约简、分布约简、最大分布约简；钱宇华提出一种属性约简的加速器，该加速器可与基于启发式信息的属性约简算法相结合，提高约简算法的效率与速度等。

6.1.3 粗糙集应用研究

粗糙集理论的应用研究分为两大类：有决策的分析和无决策的分析。有决策的分析主要包括监督学习与决策分析；无决策的分析主要是数据压缩、化简、聚类、模式发现与机器学习等。

1. 有决策的分析

粗糙集理论应用于有决策的分析可以分为四个方面：

应用粗糙集理论获取规则，这是典型的监督学习。即利用粗糙集理论提供的约简方法从信息表或者决策表直接获取规则。

对学习的训练集作预处理。实际测量所获得的训练集，常包含有多余的属性，应用粗糙集理论的属性约简可以有效地去除冗余属性。另外，每个属性的值域也会有冗余，同样可用粗糙集理论的约简方法删除某些属性的多余值。

应用于决策不完全时的学习。利用粗糙集理论的上、下近似概念表示不完全的决策，以及对学习效果所产生的影响。

进行增量式学习。从粗糙集理论的差别矩阵出发，利用与、或逻辑关系求取规则描述。新的对象只需在差别矩阵上增加相应的列，即可获得增量后的规则。

2. 无决策的分析

无决策的分析主要是利用属性约简去除不必要的属性，利用属性约简压缩数据和进行数据的聚类分析。其典型应用是知识发现，特别是大型数据库中的知识发现，粗糙集理论被认为是一个非常有效的方法。

近几年来，粗糙集理论已被广泛地应用于机器学习、知识发现、决策支持与分析、专家系统、智能控制、模式识别等领域。目前国际上已经开发出了一些基于粗糙集理论的 KDD 系统。如 Regina 大学利用粗糙集理论开发的知识发现系统 KDD - R，该系统目前被广泛地应用于医疗诊断、电信业等领域。还有美国堪萨斯大学开发的 LERS（Learning from Examples based on RS）系统，该系统被应用于医疗诊断、社区规划、全球气象研究等方面。波兰工业大学开发的一个模块化的软件系统 ROSE，这个系统已经成功地应用于处理很多实际数据集，如医学、药剂学、技术诊断、金融和管理科学、图像与信号处理等。Rosetta 是由挪威科技大学和波兰华沙大学合作开发的一个基于 Rough 集理论框架的表格逻辑数据分析工具包。Rosetta 的目的是要作为基于不可分辨关系模型的通用工具，而不是为某个特定的应用领域设计的专用系统。

6.2 基于粗糙集的装备保障集成训练系统表征模型

6.2.1 信息系统与分类

粗糙集理论假定知识是一种对对象进行分类的能力，而知识必须与具体或抽象世界的特定部分相关的各种分类模式联系在一起，这种特定部分称之为所讨论的全域或论域（Universe）。

1. 知识表示系统和决策系统

定义1：设 $S=(U,A,V,f)$ 为一信息系统。其中，$U=\{U_1,U_2,\cdots,U_{[U]}\}$ 为非空有限集，称为论域对象空间；$A=\{a_1,a_2,\cdots,a_{[A]}\}$ 为属性的非空有限集，称为属性集合；$V=\cup A_a$，其中 $a\in A$，V_a 为属性 a 的值域；f：$U\times A\to V_a$ 为信息函数，使得对于 $\forall x\in U$，当 x 取属性 a 时，其在 V_a 中具有唯一值。同时，对于 $\forall x\in U$，有序列 $C(c_1(x),c_2(x),\cdots,c_n(x))$ 和 $D(d_1(x),d_2(x),\cdots,d_n(x))$，$A=C\cup D$，$C\cap D=\phi$，则该信息系统称为决策表。其中 $c_1(x),c_2(x),\cdots,c_n(x)$ 称为条件属性集。

2. 不可分辨关系和边界

不可分辨关系的概念是粗糙集理论的基石，它揭示出论域知识的颗粒状结构。

定义2：在给定的知识表示系 $S=(U,A,V,f)$ 中，对于任意属性集 $B\subseteq A$，不可分辨关系 $IND(B)=\{(x,y)\in U\times U:\forall a\in B(f(x,a)=f(y,a)\}$。

定义3：对于任意的 $x\in U$，$[x]_B$ 表示 $IND(B)$ 的一个包含对象 x 的等价类。

定义4：对于任意 $B\subseteq A$，$X\subseteq U$，B 的下近似、上近似、边界及负域定义如下：

$$\begin{aligned}
&\underline{X}_B=\cup\{[x]_B\in U/IND(B):[x]_B\subseteq X\}\\
&\overline{X}_B=\cup\{[x]_B\in U/IND(B):[x]_B\cap X\neq\phi\}\\
&BN_B(X)=\overline{X}_B-\underline{X}_B\\
&NEG_B=U-\overline{X}_B
\end{aligned}\qquad(1)$$

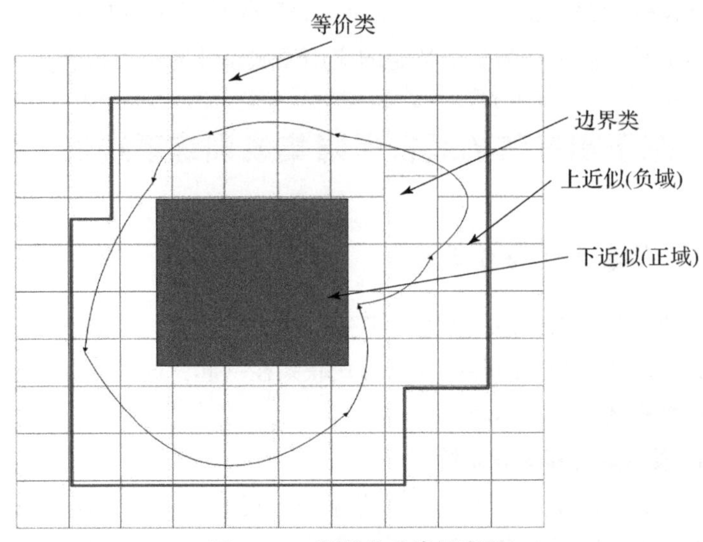

图 6.2.1　粗糙集分类示意图

实际上，粗糙集理论中的分类是通过等价关系实现的。令 R 为论域 U 中对象之间的等价关系，U/R 则代表了 U 中对象间的等价关系 R 所构成的全部等价类簇。显然，对于任意的属性集 $B\subseteq A$，$IND(B)$是论域 U 上的一个等价关系。$IND(B)$中的每一个元素即构成一个等价类。而 $U/IND(B)$则是由等价关系 $IND(B)$产生的对论域 U 的划分。

不可分辨关系 $IND(B)$求解的一般方法是：对对象集 U 中未分类的个体进行两两比较，并与 B 的每一个属性比较，如果所有的取值都相同，则属于同一个等价类。根据 $IND(B)$的定义，两个个体同属于一个等价类，即当且仅当对 B 中的每一个属性，它们的取值都相同。

从以上公式，我们可以看出边界是一个不确定的概念。而集合不确定性的根源即是由于边界域。集合具有的边界域越大，则其精确性越低，反之亦然。

3. 粗糙度定义

集合的不确定性是由边界域的存在而引起的。集合的边界域越大，其确定性越差。对于两个非空集合 X 和 Y，如果它们是完全不相同的，则 X 和 Y 是不相交的，即 $|X\cap Y|=0$，如果正好完全相同，则 $|X\cap Y|=|Y\cap X|=|X|=|Y|$。利用这两个特性可以度量集合的不确定性（即精确性），可得两个集合 X 和 Y 之间的相似程度可定义为

$$S(X,Y)=|X\cap Y|/|X\cup Y| \tag{2}$$

由此相似度定义可得粗糙度定义如下：

定义5：给定信息系统（知识表达系统，对于每个 $S=(U,A,V,f)$，对于每个子集 $X\subseteq U$ 和等价关系 B，X 的 B 粗糙度定义为

$$D(X)=1-|\underline{X_B})|/|\overline{X_B}| \tag{3}$$

其中，$D(X)$反映了集合 X 的知识的不完全程度；显然对于每一个 B 和 $X\subseteq U$，有 $0\leqslant D(X)\leqslant 1$；若 $D(X)=0$，则 X 的边界域为空集，集合 X 是 B 可定义的；若 $D(X)<1$，集合 X 有非空边界域，集合 X 是部分 B 不可定义的；若 $D(X)=1$，集合 X 是全部 B 不可定义的。

6.2.2　知识约简

一个决策表就是一个决策信息系统，表中包含了大量领域样本的信息。决策信息系统中一个样本就代表一条基本决策规则，如果我们把所有这样的决策规则罗列出来，就可以得到一个决策规则集合。但是，这样的决策规则集合没有什么用处，因为其中的决策规则没有适应性，只是机械地记录了一个个样本的情况，不能适应新的、其他的情况。为了从决策信息系统中抽取出适应度大的规则，我们需要对决策信息系统进行约简，使得经过约简处理的决策表中的一个记录就代表一类具有相同规律特性的样本，这样得到的决策规则具有较高的适应性。

1. 相关概念

知识约简是剔除知识系统中冗余的信息，参考文献［87］给出了如何判断冗余、以及约简等基本概念如下。

定义6：设 U 是一个论域，B 是定义在 U 上的一个等价关系，且 $\beta\in B$。如果 $IND(B-\{\beta\}=IND\{B\}$，则称 β 为 B 中绝对不必要的（冗余的）；否则称 β 为 B 中绝对必要的。

定义7：设 U 是一个论域，B 是定义在 U 上的一个等价关系，且 $\beta\in B$。如果 $\forall\beta\in B$ 都为 U 中绝对必要的，则称 B 为独立的；否则称 B 为相互依赖的。

对于相互依赖的关系族，其中包含有冗余关系，可以对其进行约简；而对于独立的关系族，去掉其中任何一个关系都将破坏知识库的分类能力。

定义8：设 U 为一个论域，B_1 和 B_2 为定义在 U 上的两个等价关系簇，且 $B_1\subseteq B_2$，如果满足：

（1）$IND(B_1)=IND\{B_2\}$；（2）B_1 是独立的。

则称 B_1 是 B_2 的一个绝对约简。

如果知识 B_1 是 B_2 的一个绝对约简，那么 U 中通过知识 B_2 可以区分的对象，同样也可以通过知识 B_1 来区分。一个属性集合可能有多个约简。

定义 9：设 U 为一个论域，B_1 和 B_2 为定义在 U 上的两个等价关系簇，$REP(B_2)$为 B_2 的所有约简，则 B_2 的 B_1 核 $CORE(B_2)=\cap REP(B_2)$；核是 B_2 中所有的约简属性集都包含的不可省略属性的集合。

2. 约简步骤

基于粗糙集的知识获取，就是要从领域历史记录数据中获取有用的知识。主要是通过对原始决策表的约简，在保持决策表的决策属性与条件属性之间的依赖关系不发生变化的前提下对决策表进行约简（简化），包括属性约简和值约简。通过约简，获得精简的规则库以帮助人们做出正确且简洁的决策。其具体约简过程如下：

1）数据离散化处理

因为在运用粗糙集理论对实际数据进行处理时，一般要求决策表中的属性值必须用离散值表达。如果某些属性的值域为连续的，则在处理前必须进行离散化处理，而且，即使对于离散数据，有时也需要通过将离散值合并（抽象）得到更高抽象层次的离散值。

数据的离散化并不是各学科可以完全通用的研究课题，它在不同的领域中有自己独特的要求和处理方式。由于粗糙集理论中核心的概念就是样本之间的“分辨关系”，因此，任何基于这一理论的数据离散化方法都要求能够保证系统所表达的样本分辨关系，否则将会导致信息丢失或引入错误信息，从而影响所得结果的准确性。任何实际的知识表达系统，都必须要经过数据离散化处理之后，才能够利用粗糙集方法对其进行约简。

2）属性约简

在保持信息系统分类和决策能力不变的前提下，通过属性约简，可以将决策表中对决策分类不必要的属性省略掉，从而实现决策表的简化，这有利于从决策表中分析发现对决策起作用的属性。能够较好地提高后继的值约简算法的效率，同时使得最后抽取的规则更为简洁、精度更高。

3）值约简

属性约简是在不影响信息系统分类和决策能力的情况下，删除冗余的条件属性。但还没有充分地去除掉决策表中的冗余信息，对于属性约简后的决策信息系统，并不是表达每条记录的所有条件属性值都是必需的，因此有必要对其进行值约简，删除决策信息系统中所有不影响规则表达的冗余的条件属性值，最终获得精简的规则库。

6.2.3　基于粗糙集的装备保障集成训练系统表征模型

基于 5.4 节的内容，装备保障集成训练评估包括背景评估、输入评估、过程评估和结果评估共 4 个一级指标，其中背景评估包括 8 个二级指标，输入评估包括 4 个二级指标、过程评估包括 7 个二级指标，结果评估包括 9 个二级指标，每个二级指标又包括若干三级指标（图 6.2.2）。

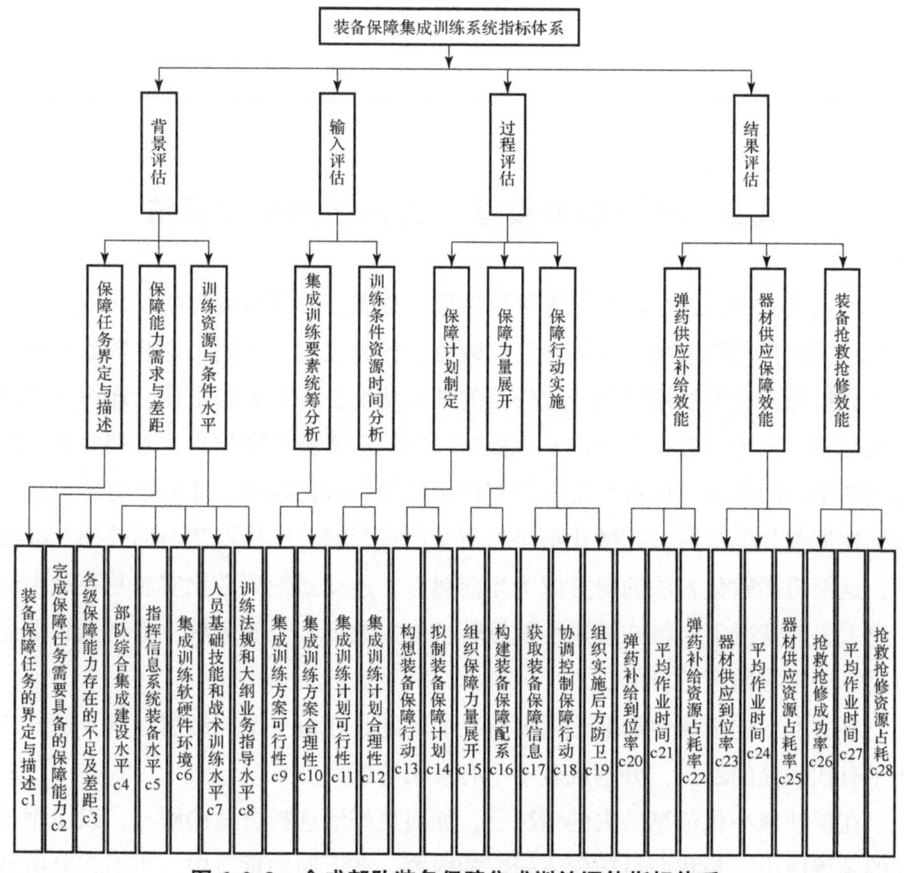

图 6.2.2　合成部队装备保障集成训练评估指标体系

按照6.2.1节的定义，基于粗糙集的装备保障集成训练系统表征模型如图6.2.2所示：属性集合$A = \{c_1, c_2, \cdots, c_{28}\}$，$c_1$，$c_2$，…，$c_{28}$，如表6.2.1所列。分类结果$D$取值分别为优秀、良好、中等、一般，用$\{0,1,2,3\}$表示，每个样本用$\{X_1\ X_2 \cdots X_n\}$表示，基于粗糙集的装备保障集成训练系统表征模型如表6.2.1所列。

表6.2.1　合成部队装备保障集成训练综合评估指标体系和评估标准

U	c_1	c_2	c_3	…	c_{28}	D
X_1						
X_2						
⋮						
X_n						

6.3　基于粗糙集理论的属性离散化算法

现实世界中往往呈现的是连续属性值的数据，而粗糙集算法仅适应于离散数据，因此我们必须将连续属性值的数据进行离散化，否则，这些数据挖掘方法将会挖掘出较差的规则和产生较低的学习精度，甚至无法工作。连续属性离散化是知识发现、数据挖掘以及机器学习中的重要预处理技术，直接关系到挖掘或者学习的效果。也就是说，只有得到好的离散化结果，才能更有效地进行数据挖掘和分类学习。离散化结果的质量严重影响后续机器学习的效率及准确性，这使得离散化方法的研究成为当前热点。连续属性离散化实质是在最小化信息丢失的情况下，将连续属性值域转换成少数目有限的区域，最终达到提高分类算法学习精度的目的。

事实上，连续属性离散化所要解决的问题是在每一个连续属性域上选择若干个有代表性的断点，分割成若干个有意义的区间。

在保证最小化信息丢失的情况下，如何更好地选择合适的断点，以适用不同的领域应用，是我们目前深入研究的内容。在下面的章节中，本书在分析现有离散化方法的基础上，针对存在的缺陷，提出了有效的离散化方法。

6.3.1　数据离散算法的研究现状

在机器学习、数据挖掘、模式识别等领域已经提出了很多连续数据离散化方法（表6.3.1），主要有以下几种：

（1）有监督和无监督离散化：有监督方法在离散化过程中考虑类属性的信息，如基于 Chi2 方法、基于类 - 属性相互依赖的方法、基于信息熵的方法[88]以及基于相关性衡量的 Zeta 方法[89]等。相反，无监督方法在离散化过程中则不考虑类属性的信息，如传统的自顶向下无监督方法：等宽离散化（Equal Width，EQW）和等频离散化（Equal Frequency，EQF）、基于核密度评估的方法（Kernel Density Estimation，KDE）、基于树的密度评估的方法（Tree - based Density Estimation，TDE）、基于混合概率模型的方法等。

（2）全局和局部离散化：全局离散化方法采用整体样本空间来产生离散化方案，例如：基于 Chi2 方法和 1R 方法等。相反，局部离散化方法仅仅将部分样本用于离散化中，例如：分层最大熵、C4.5 决策树和向量量化方法（Vector Quantization，VQ）等。

（3）静态和动态离散化：静态方法离散数据时仅仅考虑单个属性，其执行过程独立于学习算法，且先于学习算法。相反，动态方法离散数据时考虑属性之间的联系，并且在分类器被建立的同时执行，例如 ID3、C4.5 决策树、CLIP4 以及用于归纳学习、Naïve 贝叶斯学习管理的离散化方法等。

（4）直接式和增量式离散化：直接式的离散化方法，如 EQW 和 EQF，要求人为决定离散区间数，然后将每一连接属性离散至给定的区间数。而增量式方法以一个简单的离散化方案开始，通过精细地优化离散化，以便获得较优的结果，例如基于 Chi2 的离散化方法。

（5）单属性和多属性离散化：单属性离散化方法是指在离散每一个连续属性时，均以一个独立于其他属性的方式对属性值进行合并或分割，前面所提到的方法均属于单变量离散化方法。相反，多属性离散化方法是指在离散连续属性的同时，还要考虑属性与属性之间的关系，如多变量离散化方法（Multivariate Discretization，MVD）[90]、数据网格离散化方法、基于最小描述长度的双分割离散化方法、基于主成分分析（Principal Component Analysis，PCA）的无监督关系保留离散化方法[91]以及基于独立成分分析（Independent Component Analysis，ICA）的多属性离散化方法[92]等。

表 6.3.1 离散化典型算法

离散化方法	有无监督	全局/局部	静态/动态	单属性/多属性
Chi - based	有	全	静态	单属性
CAI - based	有	全	静态	单属性
Entropy	有	全	静态	单属性
Zeta	有	全	静态	单属性
C4. 5/C5. 0	无	全	动态	单属性
聚类	无	全	动态	多属性
Bayes	有	全	静态	多属性
粗糙集	有	全	静态	多属性

6.3.2 数据离散化的一般过程

对于一个离散化任务，要求数据集包含 N 个样本，每个样本包含 M 个条件属性和个决策类。连续属性相邻两个值的均值被视为一个断点，两个断点构成一个区间。一个典型的离散化过程大体上分为四步（图 6.3.1）：

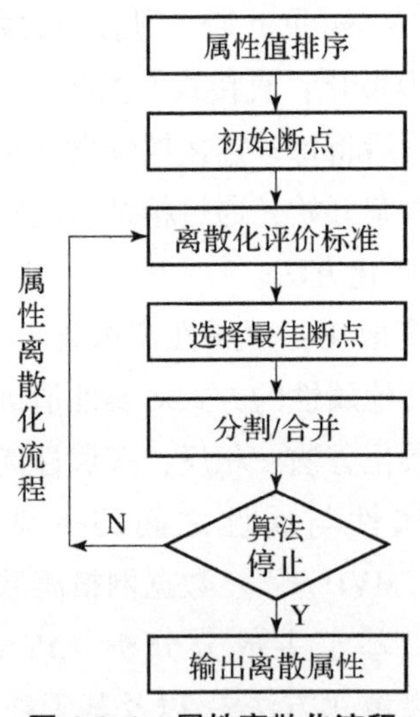

图 6.3.1 属性离散化流程

(1) 对连续属性值从小到大进行排序。排序的速度将直接影响离散化的速度，一般采用快速排序的方法，其时间复杂度是 O (Nlog N)；

(2) 初始化断点或相邻区间，连续属性相邻两个值的均值视为一个断点，两个断点构成一个区间；

(3) 根据一定的离散化标准评价所有的断点或相邻区间，选择使得标准值最大或最小的断点或相邻区间进行分割或合并；

(4) 根据一定的算法停止规则控制数据的信息丢失。

6.3.3 基于粗糙集的属性离散化算法

连续属性的离散化是知识获取的数据预处理步骤，它直接关系到后面工作的好坏，学习的效果如何。连续属性的离散化，不仅可以缩减运算量，还能在一定程度上抑制噪声。针对离散化问题，人工智能的研究者提出了多种方法。最简单的有等距离划分，等频率划分算法，这些方法需要人为地规定划分维数，或者需要预先给定一个参数，这些离散化方法存在的主要问题是断点集的选取带有很大的主观性，导致大多数的离散化算法难以得到较满意的离散效果。本书以属性重要度的大小作为断点优化的优化决策依据，尽量多的去除了冗余断点，在保证信息系统不可分辨关系不变的情况下实现了条件属性的离散。

1. 粗糙集离散化问题的描述

对于决策信息系统 $S=(U,A,V,f)$，$U=\{x_1,x_2,\cdots x_n\}$ 为有限的对象集合即论域，$R=C\cup\{d\}$ 是属性集合，$C=\{C_1,C_2,\cdots,C_k\}$ 为条件属性结合，$D(d_1(x),d_2(x),\cdots,d_n(x))$ 为决策属性集。对于任意 $a\in A$，V_a 为属性 a 的值域，$Va=[l_a,r_a]$ 上的一个断点可记为 (a,c)，其中 $a\in R$，c 为实数值。在 $Va=[l_a,r_a]$ 上的任意一个断点集合 $D=\{(a,c_1^a),(a,c_2^a),\cdots,(a,c_{K+1}^a)\}$，其中 $ka\in N$，且 $l_a=c_0^a<c_1^a<\cdots<c_{k+1}^a=r_a$，定义了 V_a 上的一个分类 P_a，$P=\{[c_0^a,c_1^a]\cup[c_1^a,c_2^a]\cup\cdots\cup[c_k^a,c_{K+1}^a]\}$。

因此，任意的 $p=\cup P_a$ 定义了一个新的决策表 $S_d=(U,A,V_d,f_d)$，$S^p=<U,R,V^p,f^p>$，$f^p(x_a)=i<=>a$，c_{i+1}^a，对于 x 即经过离散化之后，原来的信息系统被新的信息系统所代替，原来的决策表被新的决策表代替，且不同的断点集将同一决策表转换成不同的新决策表。

从粗集的观点看，离散化的实质是在保持决策表分类能力不变，即条件属性和决策属性相对关系不变的条件下，寻找合适的分割点集，对条件属性构成的空间进行划分。评价属性离散化的质量，主要看分割点的选择和多少，以及保持信息系统所表达的样本之间的“不可分辨关系”。最优离散化，即为决策表寻找最小（最优）的断点集是一个 NP 完全问题。

2. 具体实现算法

在信息系统中，每个条件属性所占的地位不一定相同，一些条件属性占的地位较高，而另外的条件属性占的地位较低，如果我们能对信息系统的属性重要性做出评价，就可以充分利用重要性高的属性取值来优化决策，在离散化处理过程中也可以借助这一信息来指导断点的选择过程。

输入：决策系统 $S=(U,A,V,f)$

输出：离散化的决策系统 $S_d=(U,A,V_d,f_d)$，具体步骤如下：

Step1：选取各属性的候选断点集；

Step 2：计算每个条件属性的重要性；

Step 3：根据式（15）计算每个条件属性的重要性和信息熵，并按照条件属性重要性值的大小由小到大依次排序，当重要性值相同时，按条件属性候选断点个数从多到少进行排列 $C_{i-1}\leqslant C_i\leqslant C_{i+1}(i=1,2,\cdots,N)$，$N$ 为属性个数；

Step 4：依次对每个条件属性进行如下操作：把属性的每个候选断点相邻连个属性值小的改为大的，如果没有引起新的不相容性，则断点值小的可以去掉，否则断点值要留下；

Step 5：对每一个属性都进行如上运算，最后所求的就为属性的离散值。

3. 仿真实验

根据上述算法进行仿真实验，对于如表 6. 3. 2 所列的仿真样本进行仿真。

表 6. 3. 2　仿真实验样本

U	c_1	c_2	d
X_1	0. 8	2	1
X_2	1	0. 5	0
X_3	1. 3	3	0
X_4	1. 4	1	1

续表

U	c_1	c_2	d
X_5	1.4	2	0
X_6	1.3	1	1
X_7	1.6	3	1
X_8	4	3	1

该系统有两个属性 c_1，c_2。属性 c_1 的断点值为 {0.9,1.15,1.35,1.5,2.8}，属性 c_2 的断点值为 {0.75,1.5,2.5}，按照公式属性 c_1 和属性 c_2 的重要度分别为0.9207和0.8645，因此属性 c_1 的重要度比属性 c_2 的重要度大，因此在属性离散时，先离散属性 b，后离散属性 a，得到的离散结果如表 6.3.3 所列。

表 6.3.3　离散结果

U	a	b	d
X_1	0	1	1
X_2	0	0	0
X_3	1	1	0
X_4	1	0	1
X_5	1	1	0
X_6	1	0	1
X_7	2	1	1
X_8	2	1	1

另外，我们还采用 CAIM 算法对样本重新进行了离散计算，得到的结果如表 6.3.4 所列。

通过实验结果可以看到，在 CAIM 算法出现了不相容问题，而且离散点明显大于本文所提出的算法。

表 6.3.4　CAIM 算法结果

U	a	b	d
X_1	0	1	1
X_2	1	0	0
X_3	1	2	0
X_4	1	1	1
X_5	1	1	0
X_6	1	1	1
X_7	1	2	1
X_8	2	2	1

4. 算法性能分析

从计算过程，我们可以看到，在属性离散化过程中，该算法没有改变信息系统的不可辨关系。而且在离散点舍弃过程中，是从属性较小者进行计算，这样可以保存次重要属性离散的。该算法从候选的断点集开始，一步步筛选掉不必要的属性值断点。

6.4　基于粗糙集理论的属性约简和权重计算算法

合成部队装备保障集成训练系统评估指标种类繁多，从中筛选出最简洁精练的指标构成指标体系对评估效率和效果至关重要。筛选指标的关键环节是属性约简和确定属性权重。属性约简能够在约去不必要属性的情况下保持信息系统分类能力不变化。合理、准确的权重能够有效评估各指标在决策中所处的地位或作用，它直接影响到评估和决策的最终结果。

目前基于粗糙度的属性约简和权重算法思想主要来源于正区域和信息熵的属性约简概念。但这些算法会出现非冗余属性被删除、属性权重为 0 以及无核元素时计算时间量增大的问题。本章在对已有算法进行改进的基础上，提出了有效计算属性约简和权重的算法，仿真实验证明了所提算法的高效性。

6.4.1　基于正区域的属性约简和权重算法

1. 基本概念

设 $I=(U,A)$为一知识库，$R\in\mathbf{R}$为一等价关系，也成为知识，有 $R\subseteq U\times U$。

定义 1：知识 $R\in\mathbf{R}$ 的粒度，记为 $GD(R)$，定义为

$$GD(R)=|R|/|U^2|=|R|/|U|^2 \tag{4}$$

一般情况下，有 $1/|U|\leqslant GD(R)\leqslant 1$，知识的粒度可以表示知识的分辨能力，$GD(R)$越小，分辨能力越强，当$(u,v)\in R$ 时，表明 u，v 在 R 下不可分辨，属于 R 的同一个等价类。否则，它们可分辨，属于不同的 R 等价类，因此，$GD(R)$表示在 U 中随机选择两个对象，这两个对象的 R 不可分辨的可能性大小。可能性越大，则 $GD(R)$越大，表明 R 的分辨力越弱，否则越强。

定义 2：知识 R 的分辨度，记为 $Dis(R)$，定义为

$$Dis(R)=1-GD(R) \tag{5}$$

同样，$0\leqslant Dis(R)\leqslant 1/|U|$

命题 1：设 R 为知识库 $I=(U,A)$中的知识，$U/R=\{X_1,X_2,\cdots,X_n\}$，则：

$$GD(R)=\sum_{i=1}^{n}|X_i|^2\Big/|U|^2 \tag{6}$$

命题 2：设 $I=(U,A)$为一信息系统，X，$Y\subseteq A$，则有：

(1) 若 $X\rightarrow Y$，则 $GD(R)\leqslant GD(Y)$

(2) 若 $X\longleftrightarrow Y$，则 $GD(X)=GD(Y)$

设 $I=(U,A)$是一个信息系统，$X\subseteq A$ 是一个属性子集，$X\in A$ 是一个属性，我们考虑 x 对于 X 的重要度，即 X 中增加属性 x 之后分辨度的提高程度，提高程度越大，认为 x 对于 X 越重要，为此，有如下定义：

定义 3：设 $X\subseteq A$ 是一属性子集，$X\in A$ 是一属性，x 对于 X 的重要度，记为 $Sig_X(x)$，定义为：

$$Sig_X(x)=1-|X\cup\{x\}|/|X| \tag{7}$$

其中$|X|$表示$|IND(X)|$

设 $U/IND(x)=U/X=\{X_1,X_2,\cdots,X_n\}$，则 $|X|=|IND(x)|=\sum_{i=1}^{n}|X_i|^2$

(8)

命题 3：属性 x 的重要度与它的分辨度相等，即 $Sig(x)=Dis(x)$

命题 4：下列结论等价：

（1） x 对于 X 不重要，即 $Sig(x)=0$

（2） x 对于 X 冗余，即 $X\cup\{x\}\longleftrightarrow X$

（3） $IND(X\cup\{x\})=IND(X)$

2. 属性重要度和最小约简

重要度可以用作属性选择标准，以在 $CORE(x)$ 的基础上通过逐个增加属性构成 X 的最小约简，下面给出其一般步骤：

Step 1 计算核 $CORE(x)$：对 $x\in X$，计算 $Sig_{X-\{x\}}(x)$，所有 Sig 值大于 0 的属性构成核 $CORE(x)$（$CORE(x)$ 可能为 Φ）。

Step 2 $RED(X)\leftarrow CORE(x)$。

Step 3 判断 $IND(RED(X))=IND(X)$ 是否成立，若成立，则转（5），否则转（4）。

$$Sig_{RED(X)}(x_1)=\max_{x\in X-RED(X)}\{Sig_{RED(X)}(x)\}$$

Step 4 计算所有 $x\in X-RED(X)$ 的值 $Sig_{RED(X)}(x)$，取 x_1 满足：

$RED(X)\leftarrow RED(X)\cup\{x_1\}$，转（3）。

Step 5 输出最小约简 $RED(X)$。

该算法主要存在以下不足点：

（1） 存在着约简程度过高的问题，即在某些情况下，将那些非冗余的属性也判断为冗余属性。

（2） 忽视了权重为 0 和被约简掉的属性的实际意义。

（3） 粗糙集理论中所有的概念和运算都是通过代数学的等价关系和集合运算来定义的，一般称之为粗糙集理论的代数表示。在代数表示下，粗糙集理论的很多概念与运算的直观性较差，人们不容易理解其本质。

6.4.2 基于信息熵的属性约简和权重算法

通过建立知识和信息之间的关系，从信息熵的角度考察属性约简，可以获得高效的属性约简算法。

1. 知识与信息熵的关系

定义 1：设 U 是一个论域，P 和 U 为论域 U 上的 2 个等价关系族（即知识），$U/\mathrm{ind}(P)=\{X_1,X_2,\cdots,X_n\}$，$U/\mathrm{ind}(Q)=\{Y_1,Y_2,\cdots,Y_m\}$，则 P、Q 在

U 上的子集的概论分布定义如下：

$$[X:p]=\begin{bmatrix} x_1 & x_2 & \cdots & x_n \\ p(x_1) & p(x_2) & \cdots & p(x_n) \end{bmatrix}$$

$$[Y:p]=\begin{bmatrix} y_1 & y_2 & \cdots & y_m \\ p(x_1) & p(x_2) & \cdots & p(x_m) \end{bmatrix} \tag{9}$$

式中：$p(x_i)=\dfrac{|x_i|}{U}$，$i=1,2,\cdots,n$；$p(y_i)=\dfrac{|y_i|}{U}, i=1,2,\cdots,m$；符号 $|E|$ 表示 E 的基数。

有了知识概论分布的定义后，根据信息论，知识 P 的信息熵 $H(P)=-\sum_{i=1}^{n}p(x_i)\log p(x_i)$，知识 P 相对于 Q 的条件熵 $H(Q\mid P)$ 为

$$H(Q\mid P)=-\sum_{i=1}^{n}p(x_i)\sum_{j=1}^{m}p(y_i\mid x_i)\log p(y_i\mid x_i) \tag{10}$$

知识 P 相对于 Q 的互信息 $I(P;Q)$ 为

$$I(P;Q)=H(Q)-H(Q\mid P) \tag{11}$$

粗糙集理论与信息熵的关系：熵度量了事件的不确定性，即信息源提供的平均信息量的大小；条件熵 $H(Q\mid P)$ 度量了事件 P 发生的前提下，事件 Q 仍存在的不确定性；互信息 $I(P;Q)$ 代表了包含在事件 P 中关于事件 Q 的信息，即互信息度量了一个信源从另一个信源获取的信息量的大小。

定义 2：设 U 是一个论域，P 和 Q 为 U 上的 2 个等价关系族，若 $Ind(P)=Ind(Q)$，则 $H(P)=H(Q)$。

定义 3：设 U 是一个论域，P 和 Q 为 U 上的 2 个等价关系族，若 $P\subseteq Q$，且 $H(P)=H(Q)$，则 $Ind(P)=Ind(Q)$。

定义 4：设 U 是一个论域，P 和 Q 为 U 上的 2 个等价关系族，一个关系 $R\in P$ 在 P 中是不必要的（多余的），其充分必要条件是 $H(R\mid P-\{R\})=0$。

推论 $R\in P$ 在 P 中的充分必要条件是：$H(R\mid P-\{R\})>0$。

定义 5：等价关系族 P 独立（不依赖）的充分必要条件是：对任意 $R\in P$，都有 $H(R\mid P-\{R\})>0$。

定义 6：设 U 是一个论域，P 和 Q 为 U 上的 2 个等价关系族，$Q\subseteq P$ 是 P 的一个约简的充分必要条件是下列 2 个条件成立：(1) $H(P)=H(Q)$；(2) 对任意的 $q\in Q$，有 $H(q\mid P-\{q\})>0$。

在决策表中，关心的是哪些条件属性对于决策更重要，就要考虑条件属性和决策属性之间的互信息。因此，在决策表中添加某个属性引起的互信息变化的大小反映该属性的重要程度。

设 $T=(U,C\cup D)$ 为一个决策表，且 $R\subset C$，那么，在 R 中添加一个属性 $a\in C$ 之后的互信息的增量为：$I(R\cup\{a\},D)-I(R,D)=H(D|R)-H(D|R\cup\{a\})$。这里，$I(x,y)$ 表示 x 与 y 的互信息；$H(y|x)$ 表示在 x 下 y 的条件熵。如果该增量越大，说明在已知属性 R 的条件下，添加属性 a 后，对决策的影响就越大，表明属性 a 对决策 D 就越重要。

定义7：设 $T=(U,C\cup D)$ 为一个决策表，且 $R\subset C$。对于任意属性 $a\in C-R$ 的重要性定义为

$$SGF(a,R,D)=H(D|R)-H(D|R\cup\{a\}) \tag{12}$$

若 $R=\phi$，则 $SGF(a,R,D)$ 变为：$SGF(a,R,D)=H(D)-H(D|a)=I(a,D)$

即为属性 a 与决策 D 的互信息。

$SGF(a,R,D)$ 的值越大，说明在已知属性 R 的条件下，添加的属性 a 后，对决策的影响就越大，将表明属性 a 对决策 D 就越重要。

根据粗糙集理论可知，任何决策表的相对核包含在所有的相对约简之中，所以，相对核可以作为求属性约简的起点。再由定理6知道，互信息相等就是寻找相对约简的终止条件。

基于互信息的相对约简算法，是以自底向上的方式求相对约简。它以决策表的相对核为起点，依据上面定义的属性的重要性，逐次选择最重要的属性添加到相对核中，直到终止条件满足。其算法描述如下：

输入一个决策表 $T=(U,C\cup D)$，其中，U 为论域，C 和 D 分别为条件属性集和决策属性集。

输出该决策表的一个相对约简，即 C 的 D 约简。

Step1 计算决策表 T 的条件属性集 C 与决策属性集 D 的互信息 $I(C,D)$。

Step2 计算 C 相对于 D 的核 $Core=CoreD(C)$。一般来说，$I(Core,D)<I(C,D)$。若 $Core=\phi$，则 $I(Core,D)=0$。

Step3 令 $R=Core$，对条件属性集 $C-R$ 重复如下操作：

(1) 对每个属性 $a\in C-R$，计算条件互信息 $I(a,D|R)$。

(2) 选择使条件互信息 $I(a,D|R)$ 最大的属性，记作 a，如果同时有多个属性达到最大值，选择与 R 属性组合数最少的属性记作 a，并且使 $R=R\cup\{a\}$。

(3) 若$I(R,D)=I(C,D)$，算法终止；否则转 (1)。

Step4 最后得到的R就是C相对于D的一个相对约简。

算法的复杂性分析主要是由决策表中的属性组合引起的。设$Comb(C)=N$，对于上述算法，如果忽略对象数对计算时间的影响，在最坏的情况下，当核为空集时，每选择一次属性后就要重新计算一次互信息，每次所考虑的属性数依次为N，$N-1$，…，1，则总的次数为$N+(N-1)+\cdots+1=N(N+1)/2$。故该算法能在$O(N^2)0$的时间内找到满意的约简。

2. 算法不足点

信息熵算法中向约简集添加某个条件属性后，该属性的重要度可以用条件属性相对于决策属性的变化大小来衡量。条件熵$H(Q\mid P)$度量了事件P发生的前提下，事件Q仍存在的不确定性。但该方法性能与决策表核属性集大小有关，如核集大，则具有较好的时间性能，否则性能较差。最坏情况的时间复杂度为$O(|C||U|^2+O(|U|^3)$，这里$|C|$是条件属性的个数，$|U|$是论域中样本个数。

6.4.3　改进的互信息的粗糙集属性约简和权重计算算法

在粗糙集理论里，决策表约简通常不是唯一的，人们总期望找到最小约简。但已证明寻找一个信息系统的所有约简或最小约简是一个NP-hard。但研究人员发现，如果建立知识和信息之间的关系，从信息熵的角度考察属性约简，可以获得高效的属性约简算法。苗夺谦[93]等人提出的基于互信息的知识约简算法，是建立在条件属性对决策属性的互信息基础上的；贾平[94]等人提出了一种基于互信息增益率的属性约简算法；颜艳[95]等人提出了一种基于互信息的粗糙集知识约简算法，这些算法能够利用启发式信息减少搜索空间，尽可能地缩短搜索时间，最终得到一个最优或近似最优解。但基于互信息的属性约简算法，是以自底向上的方式求相对约简。它以决策表的相对核为起点，逐次选择最重要的属性添加到相对核中，直到满足核属性的互信息与条件属性集的互信息相等为止。在实际情况中，信息系统会出现没有核的情况，当核属性为空时，每选择一次属性后，都要重新计算一次互信息，计算的复杂度显著增大。

本章基于互信息和属性自身的信息熵提出了一种新的属性重要性的度量方法，并构造了相应的启发式约简算法。实验结果表明，该算法能够解决无核信息系统的属性约简，而且还能够更快地得到属性约简结果，约简个数也相对较少。

权重确定在管理决策和评价过程中非常重要，它不仅能够直接影响到最终评判，还能够直接影响最终的决策结果。由此可以看出权重确定在评判和决策的过程中的重要性，它体现的是各个因素在这个评判和决策过程中的地位与作用。权重确定是管理决策和评价过程中最重要的一个环节。目前许多学者研究权重计算算法，也出现了很多有效的权重确定方法。现在经常用的权重确定方法有很多，如专家评分、模糊统计、二元对比排序等。参考文献［96］利用粗糙集理论计算属性的客观权重，该算法仅仅考虑了单个属性对决策结果的影响，却忽略了属性之间的相互作用对决策结果的影响，结果造成一些属性的权重结果为0，实际上这些属性对结果的影响却又是必要的。参考文献［97］提出的基于粗糙集理论的属性权重确定方法中考虑了条件属性对整体的重要性，以及每个属性个体的重要性，参考文献［98］提出的权重算法中考虑了属性本身和属性之间作用对属性权重的影响。以上算法都利用了粗糙集理论能够有效地分析和处理不精确、不完整和不一致等各种信息，并从中挖掘出隐含的知识，揭示潜在规律的特性，较好地得到了属性的客观权重。但属性的权重还应考虑专家的先验知识，这样才能使得确定的权重实现主客观的统一，提高了评价结果的真实性。本章在改进了参考文献［99］算法的基础上，提出了一种新的权重计算方法，该算法综合考虑专家的主观权重和粗糙集客观权重的融合，使得权重计算更加合理。

1. 基于互信息的属性权重算法

研究人员利用粗糙集理论中的知识与信息熵的关系，从信息的角度对粗糙集理论的主要概念与运算进行表达。

定义：利用添加某个属性引起的互信息变化的大小反映该属性的重要程度。其定义如下：

$$SGF_{old}(c)=I(C;D)-I(\{C-c\};D)=H(D\mid C-\{c\})-H(D\mid C) \quad (13)$$

则条件属性 c 的权重 $W_o(c)$ 定义为

$$W_{old}(c)=\frac{SGF_{new}(c)}{\sum_{a\in C}SGF_{new}(a)} \quad (14)$$

2. 改进的属性权重计算方法

式（13）中计算的属性重要度中仅考虑了属性对整体的影响，没有考虑信息属性自身对决策结果影响，因此可能会出现互信息变化很大，但不一定是重要属性且权重设置很高的情况，对决策者的决策起到不利的影响。因此本章借鉴参考文献［41］重要度算法对式（13）进行了改进，该算法考虑条件属性 c 自身的重要程度、属性互信息的变化强度，以及其自身信息熵的变化对决策结果的影响，其定义如下：

$$
\begin{aligned}
SGF_{new}'(c) &= (I(C-\{c\};D) - I(C;D) + I(c;D))/H(D\mid c) \\
&= (H(D\mid C) - H(D\mid C-\{c\}) + H(D) - H(D\mid c))/H(D\mid c) \\
&= (H(D\mid C) - H(D\mid C-\{c\}) + H(D))/H(D\mid c) - 1 \qquad (15)
\end{aligned}
$$

权重定义为：

$$
W_o(c) = \frac{SGF_{new}'(c)}{\sum_{a\in C} SGF_{new}'(a)} \qquad (16)
$$

利用这种度量方法不仅考虑了去掉某个属性之后互信息的变化量，而且考虑了它自身的信息熵。当互信息增量相同时，$H(D\mid c)$越小，相应的属性重要度越大。

另外，为了使权重的设定达到主客观的统一，避免完全有数据得到的客观权重与实际相悖的情况，本章在权重计算中包含两部分内容，即主观权重 $W_z(c)$和客观权重 $W_k(c)$，主观权重是由专家通过经验知识直接确定的，客观权重是则利用式（15）得到，条件属性 c 的综合权重 $W_s(c)$定义为

$$
W_z(c) = \alpha W_s(c) + (1-\alpha) W_o(c) \qquad (17)
$$

式中：α 为经验因子，α 反映了属性权重受到专家经验影响的程度，其越大，则专家的主观经验对决策结果越大，当 $\alpha = 1$ 时，则属性的权重完全有专家主观决定。

3. 基于互信息的属性重要度

在决策表中，关心的是哪些条件属性对于决策更重要，就要考虑条件属性和决策属性之间的互信息，前文提出利用添加某个属性引起的互信息变化的大小反映该属性的重要程度。其定义如下：

$$
SGF(a,R,Q) = I(Q;R\cup\{a\}) - I(Q;R) = H(Q\mid R) - H(Q\mid R\cup\{a\}) \qquad (18)
$$

依据该公式选择的属性在值域中含有的值较多，从信息论的角度来讲，就是选择取值混乱的属性，而且对于决策属性所选取的属性也不一定是最重要的。

针对以上问题，对属性重要度进行了改进，其定义如下：

$$SGF(a,R,Q)=I(Q\mid R\cup\{a\})-I(Q\mid R)/H(a)$$
$$=(H(Q\mid R)-H(Q\mid R\cup\{a\}))/H(a) \tag{19}$$

利用这种度量方法不仅考虑了在属性中添加属性之后互信息的增量，而且考虑了它自身的信息熵。当互信息增量相同时，$H(a)$越小，相应的属性重要度越大。但该算法计算过程中依赖于核属性，当没有核属性时，式（19）变为

$$SGF(a,R,D)=I(D)-I(D\mid a)/H(a)=I(a,D)/H(a) \tag{20}$$

为此本文对式（19）进行改进，首先利用式（20）计算每个属性的重要度，选取重要度最大的属性为核属性 ，此时重要度公式变为

$$SGF(a,R^*,Q)=I(Q\mid R^*\cup\{a\})-I(Q\mid R^*)/H(Q\mid a)$$
$$=(H(Q\mid R^*)-H(Q\mid R^*\cup\{a\}))/H(a) \tag{21}$$

本书提出了一种新的属性约简算法，该算法首先初选所有属性中属性重要度最大的属性作为核属性，以互信息增量和属性的信息熵建立了属性重要度考核方法，每次增加新属性时，选择互信息增量和属性重要度都最大。算法的具体描述如下：

输入：一个相容的决策表系统 $S=(U,A,V,f)$，$A=C\cup D$，$C\cap D=\phi$，C 为条件属性集，D 是决策属性，U 为论域。

输出：决策表的一个约简 R。

计算条件属性集 C 与决策属性集 D 的互信息 $I(C;D)$；

利用 6.2 节公式计算所有条件属性的重要性，并将属性重要度最大的属性设为核属性 R^*；

令 $R=R^*$，对属性集 $R'=C-R$，$C'=C-R$ 进行如下操作：

①对每个属性 $c_i\in C'$，计算 $I(Q\mid R\cup\{a\})-I(Q\mid R)/H(a)$，从中选择数值最大的元素 a，如果有多个属性的属性重要度相同，则再比较它们的互信息值，选取互信息最大的属性加入属性约简集，则 $R=R\cup\{a\}$，$C'=C-R$。

②判断 $I(C;D)$是否与 $I(R;D)$，如果两者相同，则转到③，否则①。

③R 即为决策表的一个相对约简，输出 R。

4. 算法性能分析

该算法属性约简中每次增加都是属性重要度最大的，或者属性重要度相等时互信息变化量最大者，保证了每次添加的属性肯定是对决策效果最大的

属性。如果原属性个数为 N，约简后的属性个数为 m，则经过 m 次循环后，就可以将完全保持信息系统分类能力不变的情况下必要属性选取完毕，算法的时间复杂度为 $0(m*N)$。可采用参考文献［100］中的算法计算时，由于随机选择一个属性作为核属性，如果所选属性不是最重要的属性，而且属性最重要的属性又最后被选择时，会出现所约简后的属性个数仍为 N，而且需要经过 N 次循环，在最坏的情况下，当核为空集时，每选择一次属性后就要重新计算一次互信息，故该算法的时间复杂度为 $O(N^2)$。可见所提出属性约简算法在保证信息系统分类能力不变的情况下，属性约简率提高了 $1-m/N$。

5. 仿真实验

为了验证算法的有效性，以表 6.4.1 信息系统决策表为例进行验证。

该信息系统有 28 个条件属性为 $C=\{c_1,c_2,c_3,\cdots,c_{28}\}$，50 个样本 $U=\{x_1,x_2,x_3,\cdots,x_{50}\}$，决策属性为 D，其取值为优秀、良好、中等、较差。评估指标集 C 的值域为 V。决策属性集 D 的值域为 $\{0,1,2,3\}$。按照上节所描述的算法具体约简步骤如下：

（1）计算得到的决策属性集不可分辨集为：

$$
\begin{aligned}
\mathrm{IND}(D)=\{&\{x_1,x_3,x_8,x_9,x_{18},x_{20},x_{29},x_{30},x_{31},x_{32},x_{37},x_{39}\},\\
&\{x_6,x_7,x_{11},x_{13},x_{14},x_{25},x_{26},x_{34},x_{40},x_{43},x_{48},x_{49}\},\\
&\{x_5,x_{15},x_{19},x_{21},x_{22},x_{33},x_{36},x_{44},x_{45},x_{46}\},\\
&\{x_2,x_4,x_{10},x_{12},x_{16},x_{17},x_{23},x_{24},x_{27},x_{28},x_{35},x_{38},x_{41},x_{42},x_{50}\}
\end{aligned}
$$

计算条件属性集 C 相对于决策集 D 的互信息：

$$I(C;D)=H(D)-H(D\mid C)=1.9899$$

（2）计算条件属性集 C 中每个属性的属性重要度，结果如表 6.4.2 所列，从表中选取属性重要度最大的属性 c_3 为核属性，即 $R^*=\{c_3\}$

（3）令 $R=R^*$，对属性集 $R'=C-R$，$C'=C-R$ 进行如下操作：

对剩余的每个属性 $c_i\in C'$，计算 $\{c_i,c_3\}'$ 的属性重要度，直到满足 $I(R;D)=I(C;D)$；算法终止。$R=\{c_3,c_9,c_{10},c_{18},c_{20},c_{26}\}$ 是原核信息系统决策表的一个约简。

表 6.4.1　信息系统决策表

U	c_1	c_2	c_3	c_4	c_5	c_6	c_7	c_8	c_9	c_{10}	c_{11}	c_{12}	c_{13}	c_{14}	c_{15}	c_{16}	c_{17}	c_{18}	c_{19}	c_{20}	c_{21}	c_{22}	c_{23}	c_{24}	c_{25}	c_{26}	c_{27}	c_{28}	D
X_1	10	20	20	10	10	10	10	10	20	30	20	30	10	15	15	15	15	20	10	15	10	10	10	10	10	15	10	10	0
X_2	5.5	13	12.5	7	2	7	4	4.5	2.5	5	2	6	1.5	1	3	4	11	15.5	8	4.5	8	1.5	8	8	7	2.5	1.5	7	3
X_3	7.5	13	11	9.5	2	9	9.5	6	4.5	25	11	3	3	15	14	1.5	9	3.5	2	7.5	0.5	9	3.5	2	6	5.5	7.5	4.5	0
X_4	4	3	9.5	7	2	3	0.5	0.5	13.5	3	6	1	2	6	12	3	11	5	2	1.5	0.5	7.5	1.5	2.5	1	10	4.5	1.5	3
X_5	9.5	7	18	2	8	9	6	2.5	2.5	21	3	2	4.5	15	11	0.5	1	0.5	9	1	6.5	2.5	7.5	6	3	11	5.5	3.5	2
X_6	1	8	15.5	4	3	10	5.5	2	8	23	3	6	0.5	8	11	4.5	12.5	17	5	13	5	1	1	6	8	2	5.5	2.5	1
X_7	6	9	0.5	2	7	5	4.5	6	2	21	17	5	4.5	15	15	4.5	4	10	2	9.5	4.5	2	3	7.5	4	9	8	4	1
X_8	0.5	11	14.5	3	10	3	4.5	3	1.5	23	5	10	2	5	5	5	11	17	5	11.5	6.5	2.5	7	3.5	8	11	9	5.5	0
X_9	0.5	3	14	9	8	9	6	9.5	15.5	23	20	5	8	15	11	4.5	8.5	12.5	9	5	2	2	6.5	4.5	8	12	3	9.5	0
X_{10}	2.5	1	3.5	0.5	3	8	9	3	10	8	9	3	8	9	10	8.5	6.5	5	4	1.5	1	5.5	9.5	7.5	5	10	9	6	3
X_{11}	3.5	18	4.5	3	6	1	4.5	7.5	12.5	19	12	10	9	2	7	8	2	14.5	9	1.5	8	3.5	2	3.5	8	14	2	7	1
X_{12}	4	9	8	2.5	7	4	3	6.5	13	1	1	4	6.5	7	5	1	8	8	3	7	7.5	8	5.5	4	8	12	3	6.5	3
X_{13}	2.5	8	7.5	1	8	9	7.5	5	15	14	17	10	2	9	12	0.5	5	5.5	4	5	5	8.5	1.5	7.5	1	13	8	5	1
X_{14}	1.5	5	11	7.5	9	3	6.5	2.5	15	24	9	4	3	4	5	5	6	13.5	8	4.5	4.5	5	3.5	7.5	5	13.5	3.5	3.5	1
X_{15}	5.5	5	12	2.5	2	6	5.5	7.5	14.5	8	4	9	9.5	2	12	3	12	6	7	0.5	3	9	6.5	6	2	12.5	3	0.5	2
X_{16}	1	5	9.5	0.5	3	7	5.5	5	11	8	5	6	0.5	12	8	7.5	5	1.5	5	14	8.5	5.5	7.5	6	2	11.5	0.5	4	3

续表

U	c_1	c_2	c_3	c_4	c_5	c_6	c_7	c_8	c_9	c_{10}	c_{11}	c_{12}	c_{13}	c_{14}	c_{15}	c_{16}	c_{17}	c_{18}	c_{19}	c_{20}	c_{21}	c_{22}	c_{23}	c_{24}	c_{25}	c_{26}	c_{27}	c_{28}	D
X_{17}	3. 5	9	2	7. 5	10	6	5	4. 5	0. 5	1	8	5	3	4	3	4. 5	5	6. 5	6	7. 5	3	7	1. 5	9. 5	7	5	4	1. 5	3
X_{18}	1. 5	1	11	8. 5	7	7	6. 5	5. 5	9	29	18	4	4	14	10	2	11	12	5	4. 5	1	2. 5	9	8. 5	5	9. 5	3	8. 5	0
X_{19}	2. 5	5	4. 5	7	8	1	4	5	9. 5	23	16	6	5	7	5	0. 5	2	16. 5	10	9	2. 5	0. 5	1	8. 5	9	3	9	5	2
X_{20}	4. 5	8	6. 5	5	10	5	2. 5	7. 5	16	18	10	1	3. 5	13	15	5. 5	10. 5	2	6	13. 5	4. 5	9	9. 5	8	2	11. 5	3	8. 5	0
X_{21}	7	9	1. 5	7. 5	9	3	7	1. 5	0. 5	28	12	6	2	1	14	2. 5	10. 5	12	4	1	3	3	6	0. 5	3	13	9	5. 5	2
X_{22}	6	0	1	7	9	1	4. 5	7. 5	12	23	2	1	1. 5	7	13	7. 5	6	10. 5	8	4	3. 5	2	6. 5	7	1	8. 5	6. 5	7	2
X_{23}	7. 5	0	9	6	1	6	4	2. 5	15	5	10	2	6	8	7	1. 5	13. 5	6	3	7	2. 5	1. 5	4. 5	1. 5	9	10. 5	3	3	3
X_{24}	6. 5	6	6	0. 5	6	4	6. 5	1. 5	2	5	2	7	4	13	1	7. 5	6. 5	8. 5	5	9. 5	0. 5	1	6	6	1	3. 5	0. 5	1	3
X_{25}	5. 5	3	12. 5	8	3	8	6. 5	3	13. 5	12	19	7	1. 5	10	14	6. 5	6. 5	9	5	7. 5	4. 5	3. 5	3	3	2	10. 5	8	7	1
X_{26}	9	14	11	3. 5	2	4	9	8. 5	4. 5	25	2	6	3. 5	12	14	2. 5	12	10	2	7	4	3	6	3	7	9	3. 5	3. 5	1
X_{27}	8. 5	8	9	9. 5	6	4	4. 5	6. 5	16	1	5	2	0. 5	8	10	8	3. 5	3	10	2	9. 5	2	5. 5	1. 5	1	2. 5	0. 5	6. 5	3
X_{28}	9	7	2	1. 5	3	3	4	2. 5	16	29	2	7	1. 5	10	3	9. 5	10	6	5	6. 5	7. 5	2. 5	0. 5	3. 5	6	7	0. 5	4. 5	3
X_{29}	9. 5	12	18. 5	4. 5	8	8	0. 5	6. 5	17. 5	6	12	9	3	3	4	9. 5	10	19	10	12. 5	7	6. 5	1. 5	8	1	8. 5	8. 5	6. 5	0
X_{30}	0. 5	17	2. 5	3. 5	8	8	3. 5	8	11	30	11	7	6	7	2	9. 5	7. 5	13	5	12	5. 5	3	1	6. 5	4	10	9. 5	1	0
X_{31}	9	17	1	5	10	5	3	1. 5	10. 5	23	9	9	4	14	9	6. 5	13	6	9	4	9. 5	9. 5	2	0. 5	4	6. 5	1	3. 5	0
X_{32}	9	17	19. 5	1	10	2	8	4	15	30	19	2	5. 5	2	1	6. 5	7	1. 5	3	11. 5	1. 5	6	5	0. 5	7	11	0. 5	2. 5	0
X_{33}	0. 5	9	14. 5	5	8	1	5. 5	0. 5	14	17	3	1	6	8	1	6	7. 5	16	7	14. 5	8	3. 5	8. 5	2	8	3	7	4	2

续表

U	c_1	c_2	c_3	c_4	c_5	c_6	c_7	c_8	c_9	c_{10}	c_{11}	c_{12}	c_{13}	c_{14}	c_{15}	c_{16}	c_{17}	c_{18}	c_{19}	c_{20}	c_{21}	c_{22}	c_{23}	c_{24}	c_{25}	c_{26}	c_{27}	c_{28}	D
X_{34}	7	19	2	7.5	2	2	2.5	7	0.5	13	17	2	9	15	13	0.5	4.5	3.5	7	14.5	9	7	6	9	1	6	0.5	5	1
X_{35}	1	9	0.5	9	1	1	6.5	7	14	6	2	8	2	12	10	4	9	6.5	2	9.5	6.5	4.5	6	5	2	6	2	1	3
X_{36}	1.5	19	7	5	7	2	9	4	17	13	2	5	7.5	7	1	3.5	7.5	6.5	7	9	7.5	3	7	3.5	5	13.5	5	3.5	2
X_{37}	2	13	16	1.5	9	10	7	2.5	16	11	5	2	1	15	11	6.5	3.5	7.5	7	12.5	6.5	1.5	1	4	10	13	5	4.5	0
X_{38}	9	11	9.5	5	10	1	3	7	1	4	14	5	5.5	12	3	6	8	10	4	8	0.5	4.5	4.5	2	7	6	7	2	3
X_{39}	6	11	10.5	7	1	1	3	4.5	12	24	19	10	3.5	12	7	1.5	8	6	1	4.5	9	9.5	9.5	2.5	4	13.5	3	7.5	0
X_{40}	7.5	14	17.5	6.5	5	6	5.5	0.5	7	4	10	8	9.5	6	1	5.5	7.5	18	8	0.5	4.5	9	0.5	7	7	11	2	6	1
X_{41}	7	9	16	7.5	1	10	0.5	4	1	10	4	3	1	5	2	8	13	7	1	7	1	6	3	2.5	6	2	7.5	9	3
X_{42}	6.5	17	5	1.5	2	3	5.5	3	3	2	3	3	7.5	8	10	1.5	10.5	17	2	6.5	3	2	3.5	6.5	8	4.5	5.5	9	3
X_{43}	2	9	4	2.5	10	2	2.5	2	19.5	16	3	7	3	7	4	2	3	19.5	5	14.5	0.5	7	7	3.5	9	9.5	9	8.5	1
X_{44}	8	0	4	0.5	5	7	2.5	9	7	13	14	1	5.5	15	6	8.5	1	12.5	3	10	6	4.5	1	2	7	11.5	9.5	8.5	2
X_{45}	5	13	17	1	9	4	3.5	2	7	14	18	10	1	2	3	3.5	13	7	7	10	2	6	0.5	7.5	4	11.5	5	3.5	2
X_{46}	2.5	4	12.5	6.5	9	5	1.5	4.5	11	3	5	10	8	2	10	8.5	1.5	11	5	8.5	7	4	2	1.5	7	10.5	8.5	2	2
X_{47}	5.5	0	16	7	1	10	5.5	1.5	14	26	16	7	4	7	1	9.5	3.5	1	4	1	5.5	8	0.5	2	2	5.5	7	3.5	2
X_{48}	2.5	2	8	4	8	8	8.5	9.5	9	26	6	6	7	10	8	5	3	1.5	8	12	7.5	9.5	4	1	6	4.5	8	0.5	1
X_{49}	2.5	17	4.5	8.5	1	2	7	3.5	16.5	18	14	1	4	6	15	5.5	13	0.5	10	3.5	1.5	4	6.5	9.5	9	6	4	2	1
X_{50}	6.5	6	6	5	9	10	3	3	7	4	15	7	7	4	8	1	4	17	6	1.5	5.5	3	2.5	9	5	1.5	4	5.5	3

表 6.4.2　属性互信息和属性重要度数值表

	c_{01}	c_{02}	c_{03}	c_{04}	c_{05}	c_{06}	c_{07}	c_{08}	c_{09}	c_{10}
互信息	0.9225	0.917739	1.409541	0.88225	0.474068	0.380324	0.820032	0.770058	1.184639	1.289541
重要度	0.037016	0.036834	0.056573	0.03541	0.019027	0.015265	0.032925	0.030907	0.047547	0.051757
	c_{11}	c_{12}	c_{13}	c_{14}	c_{15}	c_{16}	c_{17}	c_{18}	c_{19}	c_{20}
互信息	0.937028	0.431289	0.682767	0.780324	0.707153	1.089541	1.034443	1.312446	0.468968	1.374834
重要度	0.037609	0.01731	0.027404	0.031319	0.028382	0.04373	0.041519	0.052676	0.018823	0.05518
	c_{21}	c_{22}	c_{23}	c_{24}	c_{25}	c_{26}	c_{27}	c_{28}		
互信息	0.975351	0.87496	0.890058	0.910965	0.354585	1.129541	1.019025	0.931218		
重要度	0.039147	0.035117	0.035723	0.036563	0.014232	0.04373	0.0409	0.037375		

第7章　研究总结与展望

本书以基于新型指挥信息系统的装备保障情报信息、保障指挥控制、装备供应保障、装备技术保障、装备勤务保障等多要素成体系集成运用模拟训练系统作为研究背景，以系统综合集成方法和JLVC联邦构建技术为指导，以合成部队装备保障多要素集成训练模拟系统体系结构与功能设计建模方法研究为突破口，以构建从机关指挥端到分队行动层再到武器系统层的“装备保障指挥—装备保障分队—维修保障实施”一体化集成训练体系为目标，较为系统地研究了基于JLVC的陆军合成部队装备保障集成训练模拟系统的体系结构建模方法、支撑软件功能建模方法、多要素集成训练效能综合评估方法，其研究成果可以直接应用于合成部队装备保障机关和保障分队依据训练大纲，按照网系通联训练、专项功能分练、连贯综合演练的组训模式组织基于指挥信息系统的装备保障要素专项演练，以及开展集成运用训练效果综合检验与效能评估。

7.1　研究工作总结

本书从集成训练功能需求和技术需求的分析、模拟训练模拟系统体系结构与功能的建模、集成训练效能综合评估方法的优化三个角度，研究了合成部队装备保障要素集成运用训练系统功能需求与总体架构、主要构成与系统形态、运行模式与业务流程，基于JLVC的合成部队装备保障集成训练模拟系统的体系结构建模方法、支撑软件功能建模方法、多要素集成训练效能综合评估方法等内容。概括起来讲，本书的主要工作包括系统需求分析、体系结构建模、效能综合评估三个方面。

7.1.1　系统需求分析

（1）功能需求分析。从系统分析的角度，分析了陆军合成部队装备保障机关和保障分队基于新型训练大纲的装备保障训练内容体系；在界定合成部队装备保障要素集成训练、单元合成训练等概念内涵的基础上，重点分析了合成部队装备保障要素集成训练的具体内容和组训方法，为合成部队装备保障指挥和保障分队集成训练模拟系统功能设计建模与实现奠定了基础。

（2）技术需求分析。以合成部队装备保障要素专项演练方案和流程为基础，分析了基于装备保障要素集成训练系统开展集成训练的总体业务流程和运行模式，详细分析了装备保障集成训练作战分队装备战损需求产生、指挥机构装备战损维修决策、保障分队维修保障任务执行等详细业务流程设计需求。

7.1.2　体系结构建模

（1）装备保障训练系统的总体架构建模。在分析合成部队装备保障指挥机构和保障分队力量编制编成和任务特点的基础上，按照“保障指挥机构带装备保障分队，装备保障分队带实兵维修保障”的总体设计思路，研究提出了基于装备保障指挥训练分系统和装备保障分队训练分系统的合成部队装备保障训练系统的总体架构建模方法。

（2）装备保障集成训练模拟系统体系结构建模。详细分析了合成部队装备保障集成训练系统的拓扑结构、硬件组成、软件组成和系统技术体系结构，设计构建了集成训练模拟系统的总体架构，提出了基于训练资源层、中间件层、核心功能层和仿真应用层的集成训练模拟系统体系结构建模方法。

（3）装备保障集成训练模拟系统功能建模。对合成部队装备保障集成训练模拟系统的分系统构成、仿真节点设置和训练信息流等进行了系统详细的设计与建模，对集成训练模拟系统的训练导控系统的 7 个子系统、保障单元指控终端软件系统的软件功能进行了详细设计，给出各软件系统的功能实现方案、业务逻辑流程和具体功能用例，为软件系统研制和原型系统实现奠定基础。

7.1.3　效能综合评估

（1）集成训练综合评估模式构建。借鉴教育评估领域基于总结性评估和形成性评估的 CIPP 评估模式，在剖析集成训练综合评估中背景评估、输入评估、过程评估和结果评估具体内涵的基础上，构建了合成部队基于 CIPP 装备保障集成训练综合评估模式。

（2）评估指标体系和综合评估模型建模。结合合成部队装备保障集成训练需求分析、训练准备、过程实施和训练总结等阶段的相关信息，设计了基于CIPP模式的集成训练综合评估指标体系结构和评估内容标准；构建了基于信息熵权法和模糊AHP法的合成部队装备保障集成训练模糊综合评估模型及实现算法，通过实例验证了评估指标体系的科学性和综合评估模型建模方法的有效性，为开展合成部队装备保障集成训练的任务目标、方案计划、实施过程、整体效能综合评估与持续改进提供方法指导和技术支持。

(3) 综合效能评估方法。研究提出了基于粗糙集知识表征方法的装备保障集成训练综合效能表征方法，设计了基于粗糙集理论的连续属性离散化算法，提出了一种改进的基于互信息的粗糙集属性约简算法和权重算法。

通过以上三个方面的研究，构建了较为完整的陆军合成部队装备保障要素集成训练模拟系统建模和集成训练效能综合评估方法应用体系框架，一方面可以为陆军合成部队装备保障机关和保障分队依据新型训练大纲，按照网系通联训练、专项功能分练、连贯综合演练的组训模式组织基于指挥信息系统的装备保障要素专项演练提供理论方法指导，另一方面也可为合成部队装备保障集成训练模拟系统的原型系统研制实现及开展集成运用训练效果综合检验评估提供支撑技术支持。

7.2 未来研究展望

本书从需求分析和系统设计的角度，以构建从机关指挥端到分队行动层再到武器系统层的“装备保障指挥—装备保障分队—维修保障实施”一体化集成训练体系为目标，对合成部队装备保障多要素集成训练模拟系统的总体设计与建模方法进行了较为系统地研究，但装备保障多要素集成训练理论方法研究和模拟训练支撑系统建设所包含的研究内容非常广泛，还有很多理论方法和应用设计方面的工作亟待深入研究和完善，主要包括以下几方面。

7.2.1 基于新型训练大纲集成训练功能需求分析深化

准确的合成部队装备保障要素专项演练和集成训练需求是开展基于JLVC的装备保障集成训练模拟系统详细设计的前提之一，本书以新型训练大纲训练内容为依据，以合成部队现有探索的装备保障要素专项演练方案为参考，系统分析了合成部队装备保障集成训练系统的拓扑结构、硬件组成、软件组成和系统技术体系结构等功能需求；在梳理合成部队装备保障集成训练总体业务流程的基础上，详细分析了装备保障集成训练作战分队装备战损需求产生、指挥机构装备战损维修决策、保障分队维修保障任务执行等详细业务流程等技术需求，为开展合成部队装备保障指挥和保障分队集成训练模拟系统的功能设计与实现奠定了坚实基础。

但本书只是按照“制定装备保障计划、展开装备保障力量、实施装备保障行动”的装备保障要素专项演练流程进行了模拟训练系统功能需求分析，目前新型训练大纲对合成部队装备保障集成训练内容界定还不够精细，因此下一步需要结合训练大纲的实际应用情况和部队的演训活动经验，进一步梳理细化集成训练内容体系和组织实施流程，按照“网系通联训练、专项功能分练、连贯综合演练”的组训模式，组织基于新型指挥信息系统的装备保障要素集成训练内容深化研究和需求分析深化论证。

7.2.2　基于 JLVC 的集成训练模拟系统自适应建模方法

借鉴 JLVC 联邦构建方法技术，本书提出了一种基于训练资源层、中间件层、核心功能层和仿真应用层的集成训练模拟系统体系结构建模方法，对分系统构成、仿真节点设置和训练信息流等进行了系统层面的详细设计与建模，对集成训练模拟系统的训练导控系统、保障单元指控终端软件系统进行了软件功能层面的详细设计与建模，给出了各软件系统的功能实现方案、业务逻辑流程和具体功能用例，为软件系统研制和原型系统实现奠定了基础。

但本书对 JLVC 联邦构建方法的应用还不够深入，目前只是针对合成部队现有的各类异构模拟训练系统进行了综合集成，构建形成了装备保障要素集成训练的体系架构和系统形态，因此有必要针对合成部队武器系统编配优化和指挥信息系统、异构训练系统的未来发展趋势，进一步研究基于 JLVC 的集成训练模拟系统各类异构系统的分布集成交互平台支撑方法技术，以便建立动态自适应的集成训练模拟系统体系结构动态调整和重组构建建模方法。

7.2.3　基于 CIPP 和粗糙集的集成训练综合评估方法

借鉴教育评估领域基于总结性评估和形成性评估的 CIPP 评估模式，在剖析集成训练整体效能综合评估中背景评估、输入评估、过程评估和结果评估具体内涵的基础上，初步构建了合成部队基于 CIPP 装备保障集成训练综合评估模式和基于粗糙集的集成训练综合效能评估方法，初步实现了对装备保障集成训练的“形成性”和“总结性”全系统全要素整体效能综合评估的建模及实现方法，但由于组织合成部队装备保障多要素专项演练和集成训练是一个非常复杂的过程，所构建的模拟训练系统也是一个非常复杂的系统，目前建立的评估模式可能会存在一定的应用局限性，评估指标体系也还不太完备。

因此，下一步的研究工作中，有必要针对合成部队装备保障多要素专项演练和集成训练的特点，进一步改进评估模式方法、完善评估指标体系、优化评估模型及实现算法，不断优化和完善基于CIPP的装备保障集成训练全系统全过程全要素综合评估方法，为开展合成部队装备保障集成训练的任务目标、方案计划、实施过程、整体效能综合评估与持续改进提供方法指导和技术支持。

参考文献

[1] 原总参谋部军训部. 基于信息系统集成训练指导纲要 [C]. 2010, 12.
[2] 张昱, 张明智. 支持综合训练的 JLVC 联邦构建技术研究 [J]. 计算机仿真, 2012, 29 (5): 6-10.
[3] 邓宏怀, 张辉. 集成训练基本问题研究 [M]. 北京: 海潮出版社, 2014.
[4] 钱斯文, 王吉山. 作战要素集成训练理论与实践 [M]. 北京: 国防大学出版社, 2014.
[5] 马亚平, 温睿. 军事训练信息系统 [M]. 北京: 国防大学出版社, 2016.
[6] 张传富, 于江. 军事信息系统 (第二版) [M]. 北京: 电子工业出版社, 2017.
[7] 杨清杰. 军事信息系统综合集成研究 [M]. 武汉: 通信指挥学院, 2010.
[8] 武传超, 陶俊才. 部队指挥信息系统集成训练问题研究 [J]. 教育训练与人才培养, 2012, (6): 56-57.
[9] 戴志国. 对加强指挥信息系统集成训练的思考 [J]. 昆明民族干部学院学报, 2015, (2): 56-57.
[10] 万发中, 王晓辉. 提高炮兵部队基于信息系统集成训练质量应把握的几个问题 [J]. 炮学杂志, 2014, (3): 76-78.
[11] 张文才, 刘成坤, 郭友智. 防空兵部队基于信息系统集成训练初探 [J]. 现代兵种, 2011, (8): 34-35.
[12] 郭若冰, 张晖. 全系统全要素联合训练的内在机理和基本形式 [J]. 国防大学学报, 2013, (10): 74-76.
[13] 郭若冰, 张晖. 积极探索全系统全要素联合训练方法路子 [J]. 国防大

学学报，2013，(11)：72－74.

[14] 李继斌. 陆军基于信息系统全系统全要素集成训练探析 [J]. 国防大学学报，2013，(4)：88－89.

[15] 伊洪冰，张爱民. 通用装备保障要素集成训练研究 [J]. 陆军军官学院学报，2014，(4)：39－41.

[16] 宋朝阳. 刍议信息化条件下装备保障集成训练 [J]. 通用装备保障，2012，(9)：54－55.

[17] 孙宝龙，赵岗. 关于基于信息系统的联合装备保障集成训练的思考 [J]. 装备，2012，(8)：38－40.

[18] 翟振松. 装备保障要素集成训练问题研究 [J]. 装备，2010，(4)：36－38.

[19] 邹刚，崔英杰. 装备保障要素集成训练探索 [J]. 国防大学学报，2012，(5)：86－88.

[20] 鞠鑫. 适应改革发展，积极创新实践，深入推进基于信息系统装备保障集成训练 [J]. 装备，2012，(8)：22－23.

[21] 伊洪冰，杨玉龙，宫丽，等. 装备保障要素集成训练研究 [J]. 军事交通学院学报，2014，(9)：20－22.

[22] 王吉山. 基于信息系统陆军作战要素集成训练研究 [M]. 北京：解放军出版社，2015.

[23] 陈杨，朱富强. 美陆军数字化部队模拟训练装备现状 [J]. 外军炮兵防空兵研究，2011，02：27－30.

[24] 赵永朋. 面向服务的装备保障指挥训练仿真系统 [D]. 北京：装备学院，2011.

[25] 李尔超，王耘波，高俊雄. 地空导弹作战模拟训练器的系统设计 [J]. 舰船电子工程，2011，31 (03)：126－130.

[26] 杨艾军，马胜辉，刘桂彬. 基于构件技术的炮兵作战行动仿真研究 [J]. 指挥控制与仿真，2010，32 (3)：67－70.

[27] 龙云富，黄勇，荀德春. 某型便携式地空导弹综合模拟训练系统设计与实现 [J]. 防空兵指挥学院学报，2010，02：48－50.

[28] 李志宇，何忠波，石志勇. 自行火炮随动系统模拟训练装置 [J]. 火力与指挥控制，2010，31 (12)：123－124.

［29］吉兵，单甘霖，崔佩璋．高炮情报指挥系统维修模拟训练器设计实现［J］．火力与指挥控制，2010，35（05）：29－31.

［30］郭继周，郭波，黄卓．面向作战单元任务的可用性建模与分析［J］．系统管理学报，2007，16（02）：160－165.

［31］张文宇．装备保障训练系统设计理论与方法研究［D］．石家庄：军械工程学院，2010.

［32］唐凯．装备保障分队训练系统六视图概念模型研究［D］．石家庄：军械工程学院，2015.

［33］宋华文，赵宏宇，郑怀洲．装备保障指挥模拟训练系统研究［J］．指挥技术学院学报，2000，11（6）：1－6.

［34］贾希胜，丁利军．装备指挥模拟训练综合环境建设［J］．军械教育研究，2009，（4）：4－8.

［35］葛涛．新形势下装备保障指挥模拟训练改革探索［J］．继续教育，2015，（4）：44－47.

［36］赵德勇．基于信息系统的数字化部队装备保障集成训练研究［R］．军械工程学院，2016.

［37］苏续军．基于 HLA 的装备保障全要素集成模拟训练系统设计［J］．现代电子技术，2014，37（2）：60－63.

［38］军械工程学院．防空部队后方指挥所技术方案［R］．军械工程学院装备指挥与管理系，2012.

［39］军械工程学院．远程火箭炮集成训练维修保障指挥模拟系统［R］．军械工程学院装备指挥与管理系，2015.

［40］陆军工程大学．“十三五”装备保障模拟训练中心建设方案［R］．陆军工程大学石家庄校区，2018.

［41］Joint Training：Live，Virtual，and Constructive（L—V—C）［C］．Live—Virtual Constructive Conference，12—15 Jan 2009，EI Paso.

［42］John A Tufarolo，Paul Perkinson．Development of a Live Virtual Constructive（LVC）Common Data Model and Development Roadmap［R］Raythen Virtual Technology Corporation，2009.

［43］United State Joint Force Command. DoD LVC Architecture Roadmap（LVCAR）Study Status［C］．2008 DoD M&S Conference，2008. 10.

[44] Live – Virtual – Constructive Accomplishments and Challenges: A Corporate View [C]. Department of Defense, Test Resource Management Center. Live – Virtual Constructive Conference, 12 – 15 Jan 2009, EI Paso, TX.

[45] 侯俊，袁登春，钱一虹. 美军综合仿真训练环境建设发展研究及启示 [J]. 空军工程大学学报（军事科学版），2016，16（3）：49 – 52.

[46] Colonel Mark G. Edgren. Cloud – Enabled Modular Services: A Framework for Cost – Effective Collaboration [R]. U. S. ArmyJoint Staff J7 Joint and Coalition Warfighting . 2015, 10.

[47] United States Joint Forces Command Technical Development and Innovation Branch. Joint Live Virtual and Constructive (JLVC) Federation Integration Guide [C]. 2010, 1.

[48] Douglas D. Hodson. Performance Analysis of Live – Virtual – Constructive and Distributed Virtual Simulations: Defining Requirements in Terms of Temporal Consistency [D]. Department of the Air Force Insisute of Technology. 2010, 1.

[49] Warren Bizub, Derek Bryan, Edward Harvey. The Joint Live Virtual Constructive Data Translator Framework – Interoperability for a Seamless Joint Training Environment [C]. US Joint Forces Command Joint Warfighting Center. 2016, 1.

[50] 涂亿彬. LVC 联合试验体系结构及关键技术研究 [D]. 长沙：国防科技大学，2016.

[51] 蔡继红，卿杜政，谢宝娣. 支持 LVC 互操作的分布式联合仿真技术研究 [J]. 系统仿真学报，2015，27（1）：93 – 97.

[52] Cloud – Enabled Modular Services: A Framework for Cost – Effective Collaboration [C]. NATO STO Modeling and Simulation Group Conference, Stockholm Sweden, 18 – 19 Oct. 2012.

[53] Colonel Mark G. Edgren. Cloud – Enabled Modular Services: A Framework for Cost – Effective Collaboration [R]. U. S. ArmyJoint Staff J7 Joint and Coalition Warfighting . 2015, 10.

[54] United States Joint Forces Command Technical Development and Innovation Branch. Joint Live Virtual and Constructive (JLVC) Federation Integration

Guide [C]. 2010, 1.

[55] Douglas D. Hodson. Performance Analysis of Live – Virtual – Constructive and Distributed Virtual Simulations: Defining Requirements in Terms of Temporal Consistency [D]. Department of the Air Force Insistute of Technology. 2010, 1.

[56] Warren Bizub, Derek Bryan, Edward Harvey. The Joint Live Virtual Constructive Data Translator Framework – Interoperability for a Seamless Joint Training Environment [C]. US Joint Forces Command Joint Warfighting Center. 2016, 1.

[57] 李进，吉宁，刘小荷. 美军支持新一代联合训练的 JLVC2020 框架研究 [J]. 计算机仿真，2015，32 (1): 463 – 467.

[58] 伊洪冰，张爱民. 通用装备保障要素集成训练研究 [J]. 陆军军官学院学报，2014，(4): 39 – 41.

[59] 罗永亮，张珺，熊玉平，等. 支持 LVC 仿真的航空指挥与保障异构系统集成技术 [J]. 系统仿真学报，2017，29 (10): 2538 – 2541.

[60] 刘学程，张春润，刘亚东，等. 基于 CIPP 的装备保障训练全程评估模式研究 [J]. 军事交通学院学报，2011，13 (5): 32 – 36.

[61] 赵维昌，崔峰刚，刘广宇，等. 基于 CIPP 的陆军部队装备保障集成训练评估研究 [J]. 装备学院学报，2017，28 (1): 31 – 34.

[62] 陈农田，谭鑫，杨文峰，等. 基于熵权层次分析法的飞行学员安全状态模糊综合评估 [J]. 数学的实践与认识，2015，45 (16): 62 – 67.

[63] 张妍. 基于 CIPP 模型的应用型高校教育质量评价指标体系构建 [J]. 上海教育评估研究，2018，(2): 8 – 12.

[64] 费智聪. 熵权 – 层次分析法与灰色 – 层次分析法研究 [D]. 天津: 天津大学，2009.

[65] 冯玉光，郎斌. 基于熵权 – 模糊层次分析法的军事供应链绩效评价 [J]. 兵器装备工程学报，2017，38 (10): 86 – 91.

[66] Wong S K M, Ziarko W. On optional decision rules in decision tables [J]. Bulletion of Polish Academy of Sciences, 1985, 33 (11/22): 693 – 696.

[67] 于洪，杨大春，吴中福. 基于 Rough Set 理论的增量式规则获取算法 [J]. 小型微型计算机系统. 2005，26 (1): 38 – 41.

[68] 杨明．一种基于改进差别矩阵的核增量式更新算法．计算机学报 [J]. 2006, 29 (3): 407-413.

[69] W. Ziarko. Variable precision rough sets model. Journal of Computer System Science [J]. 1993, 46: 39-59.

[70] Maaena Kryszkiewicz. Rough Set Approach to Incomplete Information Systems [J]. Information Science, 1998, 112: 39-49.

[71] Slowinski Roman, Vanderpooten Daniel. A Generalized Definition of Rough Approximations Based on Similarity [C]. IEEE Transactions on Knowledge and Data Engineering, 2000, 12 (2): 331-336.

[72] 张文修，吴伟志，粗糙集理论介绍和研究综述 [M]. 模糊系统与数学, 2000, 14 (4): 2-12.

[73] Skowron A, Rauszer C. The discernibility matrices and functions in information systems [C]. In: Slowinski R (Eds.): Intelligent Decision Support - Handbook of Applications and Advances of the Rough Sets Theory, Kluwer Academic Publishers. London, 1992: 331-362.

[74] 张腾飞，肖健梅．王锡淮．粗糙集理论中属性相对约简算法 [J]. 电子学报, 2005, 33 (11): 2080-2083.

[75] Jensen R. Shen Q. Fuzzy - rough attribute reduction with application to web categorization [J]. Fuzzy Sets and Systems. 2004. 141 (3): 469-485.

[76] 钱进，叶飞跃，孟祥萍，等．一种基于新的条件信息量的属性约简算法 [J]. 系统工程与电子技术, 2007, 29 (12): 2154-2157.

[77] 任小康，吴尚智，马如云. 基于可辨识矩阵的属性频率约简算法 [J]. 兰州大学学报（自然科学版）, 2007, 43 (1): 138-14.

[78] 徐燕，怀进鹏，王兆其. 基于区分能力大小的启发式约简算法及其应用 [J]. 计算机学报. 2003, 26 (1): 97-103.

[79] 郭春根．基于遗传算法的粗糙集属性约简研究 [D]. 合肥工业大学, 2007.

[80] 叶东毅，廖建坤．基于二进制粒子群优化的一个最小属性约简算法 [J]. 模式识别与人工智能, 2007, 20 (3): 295-300.

[81] 任志刚，冯祖仁，柯良军．蚁群优化属性约简算法 [J]. 西安交通大学学报, 2008, 42 (4): 440-444.

[82] Bjorvand A T. "Rough Enough"—A system supporting the Rough Sets Approach. [EB/OL]. http://home. sn. no/~torvill.

[83] Beynon M. Reducts within the variable precision rough sets model: a further investigation, European Journal of Operational Research [J]. 2001, 134: 592-605.

[84] Kryszkiewicz M. Comparative studies of alternative type of knowledge reduction in inconsistent systems. International Journal of Intelligent Systems [J]. 2001, 16: 105-120.

[85] 袁修久，张文修．变精度粗集下约简和一致决策表约简的关系．模式识别与人工智能 [J]. 2004, 1712): 196-200.

[86] 黄兵，周献中．胡作进．不一致决策表的 k 阶分配序约简 [J]. 计算机工程，2007, 33 (05): 16-19.

[87] 刘文军，谷云东，冯艳宾等．基于可辨识矩阵和逻辑运算的属性约简算法的改进 [J]. 模式识别与人工智能，2004, 17 (1): 119-123.

[88] 谢宏，程浩忠，牛东晓．基于信息熵的粗糙集连续属性离散化算法 [J]. 计算机学报，2005, 28 (9): 1570-1574.

[89] Ho K, Scott P. Zeta: a global method for discretization of continuous variables [C]. In KDD97: 3rd International Conference of Knowledge Discovery and Data Mining. Newport Beach, CA. 1997: 191-194.

[90] Ferrandiz S, Boulle M. Multivariate discretization by recursive supervised bipartition of graph [C]. In: Proceedings of 4th International Conference on Machine Learning and Data Mining, Leipzig, Germany. 2005: 253-264.

[91] Mehta M, Parthasarathy S, Yang H. Toward unsupervised correlation preserving discretization [J]. IEEE Transactions on Knowledge and Data Engineering, 2005, 17 (8): 1-14.

[92] Kang Y, Wang S, Liu X, et al. An ica-based multivariate discretization algorithm [C]. International Conference of Knowledge Science, Engineering and Management. 2006: 556-562.

[93] 苗夺谦，胡桂荣. 知识约简的一种启发式算法 [J]. 计算机研究与发展，1999, 36 (6): 681-684.

[94] 贾平，代建华，潘云鹤，等. 一种基于互信息增益率的新属性约简算法

[J]. 浙江大学学报（工学版），2006，40（6）：1041－1044.
[95] 贾平，代建华，潘云鹤，等. 一种基于互信息增益率的新属性约简算法 [J]. 浙江大学学报（工学版），2006，40（6）：1041－1044.
[96] 王洪凯，姚炳学，胡海清. 基于粗集理论的属性权重确定方法 [J]. 计算机工程与应用，2003，(36)：20－21.
[97] 鲍新中，刘澄. 一种基于粗糙集的权重确定方法 [J]. 管理学报，2009，6（6）：729－732.
[98] 孙立民，金祥菊. 一种基于粗糙集的属性权重新算法 [J]. 广东石油化工学院学报，2011，22（6）：66－68.
[99] 谭宗风，徐章艳，王帅. 一种改进的粗糙集权重确定方法 [J]. 计算机工程与应用，2012，48（18）：115－118.
[100] 胡丹，莫智文. 关于粗糙集理论与信息熵的几点注记 [J]. 四川师范大学学报（自然科学版），2002，25（3）：257－260.